元坝高含硫气田采集输系统常见故障判断与处理

李华昌　蔡锁德　钟晓风 等　编著

中国石化出版社

图书在版编目（CIP）数据

元坝高含硫气田采集输系统常见故障判断与处理/
李华昌，蔡锁德，钟晓风等编著.— 北京：中国石化出版社，2018.3
ISBN 978-7-5114-4815-6

Ⅰ.①元… Ⅱ.①李… ②蔡… ③钟… Ⅲ.①高含硫原油—气田—集输系统—故障诊断—广元②高含硫原油—气田—集输系统—故障修复—广元 Ⅳ.①TE86

中国版本图书馆CIP数据核字（2018）第038012号

中国石化出版社出版发行
地址：北京市朝阳区吉市口路9号
邮编：100020 电话：（010）59964500
发行部电话：（010）59964526
http://www.sinopec.press.com
E-mail:press@sinopec.com
北京柏力行彩印有限公司印刷
全国各地新华书店经销
*
787×1092毫米16开本13.5印张278千字
2018年3月第1版 2018年3月第1次印刷
定价：68.00元

编委会

前言

21 世纪以来，随着世界能源需求的不断增加，人们环保意识的不断增强，世界能源消费结构也随之发生了巨大的变化，天然气能源大有超过煤炭、取代石油成为世界第一能源的趋势。因此，加大气田的开发建设力度，实现气田的安全、高效运行，对改善我国能源结构、保障国家能源安全具有重大意义，也是中国石化实施绿色低碳发展战略的重要举措。我国四川盆地海相高含硫天然气资源丰富，2000 年以来相继发现了普光、龙岗、元坝、安岳、彭州等大型高含硫气田，探明天然气储量超过万亿立方米。元坝气田自 2007 年发现以后，成为我国“川气东送”工程的又一重要气源地，对保障“川气东送”沿线六省两市共 70 多个城市的长期稳定供气，促进中西部产业结构调整和长江流域经济发展意义重大。

元坝气田位于四川省广元市、南充市境内，矿权面积 3200 多平方千米，探明天然气储量 $2303.47\times10^8m^3$，是目前世界上气藏埋藏最深、开发风险最大、建设难度最高的酸性大气田。元坝气田的地面集输系统在总结、吸取中国石化先前酸性气田地面集输开发建设经验的基础上，进一步优化了地面集输工艺，对设备的结构、材质、参数等进一步优选，同时大幅提高了国产化设备的运用。在元坝气田投产运行过程中，由于对新工艺和新设备学习掌握的局限性及其他各方面原因，各类设备、仪表及系统在运行中出现了诸多故障，给气田的正常生产带来了一定影响。为总结元坝气田生产运行中的故障判断与处理经验，进一步指导气田各类设备的优化运行，通过现场专业技术人员对出现的典型故障进行分类总结，以故障描述、原因分析、故障处理、经验教训为主线汇编成册，以此指导气田的现场生产，高效处理同类故障，减少故障的发生，从而实现了气田的安全、平稳、高效运行，取得了良好的社会效益与经济效益。

本书作者是气田的开发建设、气田调试投产及生产运行管理的参与者和见证者，参加了元坝气田开发建设、调试投产以及气田的生产运行管理工作。本书是作者团队对元坝气田调试投产及生产运行管理经验的总结，是对现场管理工作的再认识。收集了元坝气田调试投产以来的所有故障案例，并经过认真筛选，不断修改完善，形成本书。

特别说明的是，本书的基本素材是上百名参与气田投产试运人员的劳动成果，特别是各专业服务队伍，提供了翔实的现场素材，应视为本书的主要撰写者。庄园、唐密、汪旭东、蒋曙光、贺长胜参与了井口系统常见故障判断与处理的编写；李怡、曾力、何海、亓凯、曹臻、龚小平、陈武斌、宋敏、蒋仕军、朱自强参与了集输工艺系统常见故障判断与处理的编写；徐岭灵、邹毅、邵杨参与了防腐系统常见故障判断与处理的编写；曾欢、汤淑芳、李金明参与了自控系统常见故障判断与处理的编写；赵羽、何欢、董小农参与了仪器仪表系统常见故障判断与处理的编写；郭俊何、郑建华、杨云徽参与了供配电系统常见故障判断与处理的编写；何忠、李阳参与了通信系统常见故障判断与处理的编写。李华昌、蔡锁德、钟晓风、谭永生、青鹏、孙天礼、程志强、叶青松、陈曦、黄元和、赵祚培、孟庆华、吴建忠、向鹏、朱国、赵建、赵其双、刘彦伶、邢东平、骆仕洪、鲜奇飚、何石、潘志钢、何京蓉、马俊辉、冯宴、易枫、温冬来等同志参与了本书的编审及校改工作。

在此，向他们对本书所做的贡献表示衷心的感谢。同时，对所有参与气田投产试运的工作者，表示深深的敬意。

由于作者水平有限，书中或有不足，给读者带来诸多不便，在此深表歉意，并诚恳地接受批评和指正。

编著者

第一章　井口系统常见故障判断与处理

本章主要对气藏生产异常、井筒工况异常、井口装置、井口控制柜故障的判断和处理措施进行详细的分析和描述，为含硫油气井安控系统相似故障的判断与处理提供借鉴。

第一节　气藏地质动态异常故障

一、产层垮塌引起油压瞬间突降

1. 故障描述

某日，YB××气井在正常生产时，油压在30min内从正常压力值下降到与外输压力值一致，关井后压力恢复非常缓慢。

2. 原因分析

主要由以下原因造成：

（1）球座返出，堵塞井筒。

（2）气井频繁调产，激荡井筒，导致地层垮塌，近井筒附近流动通道堵塞。

（3）井下或地面安全阀异常关闭。

（4）随着生产压差扩大，地层内逐步返出堵塞物，导致井筒堵塞，无法建立流动通道。

3. 故障处理

（1）检查SCADA系统，检查地面及井下安全阀的回讯状态，确认开启，现场检查地面安全阀及井下安全阀的运行压力，确认在正常范围内，且地面安全阀的阀杆未弹出，排除井下或地面安全阀异常关闭。

（2）切断生产流程，打开高压BDV旁通进行放空携液，发现油压继续下降，火炬分液罐未见液位上涨。

（3）将井筒压力泄放至0MPa后，关井观察24h，井口油压无上涨，判断为井筒严重堵塞。

（4）采用压裂泵车向井筒泵注一定液体后快速起压，但地层吸液困难，放喷后依然无法复产，判断堵塞位置较深且堵塞物难以通过酸洗解除。

（5）通过多次注酸、下连续油管冲洗钻磨均未取得较好的效果，结合钻磨的应力及效果分析，判断油管堵塞物为岩屑和其他酸压混合物。

（6）在连续油管无效的情况下，进行了油管重新射孔作业，上提连续油管后复产成功。

4. 经验教训

在理论上，白云岩、灰岩地层基本不会出现产层垮塌的现象，但该井为裸眼井，证实了发生产层垮塌的可能性，分析后认为与前期大型酸压地层有关，在后期开发过程中，针对大型酸压的气井，降低生产压差，优化合理的采气速度，保证平稳、合理生产，在故障分析过程中，产层垮塌教训应作为考虑的范畴，尽量避免此类事故的发生。

二、采气速度过大引起水侵

1. 故障描述

YB×× 气井在生产过程中，最高配产生产时，油压下降速率为 0.03MPa/d，1/2 配产生产时，油压下降速率为 0.008MPa/d，3/4 配产生产时，油压下降速率为 0.015MPa/d，从前期水样分析结果可以看出，地层产出水中的钾钠离子、氯根、总矿化度呈现上升趋势。

2. 原因分析

主要由以下原因造成：

（1）配产过大，造成采气速度过高，压降速率增大。

（2）表现出水侵征兆。

3. 故障处理

（1）进一步论证、计算动态储量，为配产提供相应的评价。

（2）对不同工作制度进行跟踪评价，提出相对应的调产幅度。

（3）跟踪评价产液变化情况及水样分析变化情况。

（4）结合前期地质研究，综合分析、评价气井生产制度，进行最佳生产制度的摸索和调整。

4. 经验教训

在开发生产过程中，该井为目前出现水侵征兆最明显的气井，鉴于在严峻的生产任务下，对该井进行大产量、长时间生产，采气速度较大，油压下降速率过快，该井出现水侵征兆。通过后期的产量优化、合理配产等一系列措施，目前该井压降速率减小，生产油压、水样分析指标稳定，水气比、产水量稳定，未出现明显上升趋势，稳产效果较好。

在后期开发过程中，针对无阻流量、动态储量较小的气井，将优化采气速度，摸索最佳制度，延长无水采气期作为开发重点工作。

第二节　井筒常见异常故障

一、井口阀门打开后无法正常开井

1. 故障描述

某日，YB×× 场站值班人员在执行正常开井程序时，在打开井口笼套式节流阀后流程无气流通过，无法正常建压，井口油压迅速下降到与外输压力相等，关井后油压能迅速恢复。

2. 原因分析

主要由以下原因造成：

（1）采气树生产翼阀门未打开。

（2）井口采气树区域存在堵塞现象。

（3）井筒内出现严重堵塞，无法建立流动通道。

（4）井下安全阀未正常开启。

3. 故障处理

（1）活动采气树 1#、4# 及生产阀门，确认所有阀门均能完全打开。

（2）对采气树进行 85℃热水持续浇淋，仍未能有效复产，排除井口采气树区域存在堵塞现象。

（3）观察井下安全阀运行压力正常，在对井下安全阀开关活动 2 次后，依然无法复产，排除井下安全阀未正常开启。

（4）关闭井下安全阀，将上部压力泄放至 0MPa，开启井下安全阀后发现油压上涨缓慢，初步判断为近井筒附近水合物堵塞。

（5）准备锅炉车和压裂泵车，以 0.5m^3/min 的排量向井筒泵注 80℃的热水，融化井筒内已形成的水合物，闷井 30min 后，重新开井成功实现气井复产。

4. 经验教训

（1）开井前，做好阀门开关条件确认及阀门活动。

（2）对气井关井 3 天以上的，要及时向井筒内加注甲醇，以防水合物形成。

二、气井开井过程中油压频繁波动

1. 故障描述

某日，YB×× 气井以配产制度开井生产，初期油压保持在一个稳定值，此后出现井口油压频繁波动，差值最高可达 9 MPa，同时地面流程能听到明显的撞击声。

2. 原因分析

主要由以下原因造成：

（1）地层产水突发变化，导致井筒段塞排液。

（2）井筒油温较低，形成水合物堵塞，井筒节流导致油压不稳定。

（3）采气树节流阀工作状态不稳定，发生节流变化。

3. 故障处理

（1）分析气井分水分离器液位变化情况，未发现水气比明显波动和段塞出液特征，排除地层产水突发变化，导致井筒段塞排液。

（2）适度活动各级节流阀，开关活动灵活，未见异响，节流处冰堵的情况可能性较小。

（3）适度提高气井产量，增大气体携液与升温能力，但压力无上升。

（4）关井，观察到油压恢复较快，判断井下形成水合物节流的可能性较大。

（5）采用压裂泵车向井筒注热水，井口油压快速起压，则说明堵塞点位置浅且堵塞较严重，压力不下降，泄压后压力立即下降，表明水合物堵塞严重。

（6）采取防爆挠性管下放至套管内，不间断泵注 85℃热水对环空循环加热，井口出口温度达到 45℃，重新开井，油压稳定，表明井筒水合物堵塞解除。

4. 经验教训

（1）开井过程中放大压差生产，尽快提升井筒及流程温度，减小水合物形成概率。

（2）开井时，用甲醇加注泵向流程实时加注设计给定量的甲醇，能有效避免流程堵塞，保障气井出气顺畅。

（3）投产初期，开井 24h 内在关键节流部位采用 70~80℃热水进行连续浇淋。

（4）生产时，若第一时间发现井筒水合物堵塞，须及时关井并制定有效措施，防止水合物堵塞进一步扩大。

三、井筒堵塞引起油压下降速率增大

1. 故障描述

某日，YB×× 气井正常生产时，油压下降速率为 0.02MPa/d。在批处理频繁大幅度调产后，恢复到日常配产，油压下降速率增大至 0.07MPa/d，油压下降速率出现明显拐点。再开井生产后，油压比批处理前少 4MPa。

2. 原因分析

主要由以下原因造成：

（1）仪表故障或损坏。

（2）气井频繁调产，激荡井筒，导致地层垮塌，近井筒附近流动通道出现部分堵塞。

（3）气井产水情况发生变化。

（4）井筒出现节流效应。

3. 故障处理

（1）对比井口油压压力表及压力变送器，数值一致。

（2）对井口油压压力表及压力变送器根部阀进行热水浇淋，压力无变化。

（3）分析井口油温、一、二、三级流程的温度均在水合物形成温度以上，初步判断为井下节流问题。

（4）关井后 10min 油压恢复稳定，初步判断堵塞不严重。

（5）采用压裂泵车向井筒注酸和水，期间井口油压下降到 0MPa，关井 4h 后放喷开井，排液结束后切换到生产流程，该井恢复到之前的稳定生产状态。

4. 经验教训

在开发生产过程中出现多次此类现象，且大多发生在频繁调产后，分析与前期大型酸压地层有关，大型酸压地层使近井地带岩石骨架变疏松，同时该类井存在裸眼段，堵塞很可能与井筒受激荡后岩石颗粒脱落，同时在酸化后相关残留物共同作用下形成的堵塞点有关。

建议在后期开发过程中，针对大型酸压的裸眼气井，优化合理的采气速度，摸索最佳的地面装置处理措施，尽量避免过于频繁且大幅度的调产，保证平稳、合理生产，减少此类情况的发生。

四、气井生产过程中油压缓慢下降至稳定值

1. 故障描述

某日，YB×× 气井在正常生产过程中，油压在 2h 内下降 5MPa，同时井筒油温，一、二级节流后的压力和温度同步下降。

2. 原因分析

主要由以下原因造成：

（1）昼夜温差过大，井口油压及一、二级节流后的压力表及压力变送器出现堵塞，显示数值不准。

（2）气井产水情况发生变化。

（3）仪表故障或损坏。

（4）井筒出现节流效应。

3. 故障处理

（1）对比井口油压压力表及变送器，数值一致。

（2）对井口油压压力表及变送器根部阀进行热水浇淋，压力无变化。

（3）分析井口油温，一、二、三级节流后流程的温度均在水合物形成温度以上，初步判断为井下节流。

（4）关井后 10min 油压恢复稳定，初步判断堵塞不严重。

（5）采用压裂泵车向井筒注酸和水，期间井口油压下降到 0MPa，关井 4h 后放喷开井，排液结束后切换到生产流程，该井能够在配产制度下稳定生产。

4. 经验教训

（1）加强对井口计量仪表的参数对比，发现异常须及时处置。

（2）井筒出现节流堵塞后，在采取解堵措施前保持稳定生产，切勿频繁调产。

五、油套环空起压窜含硫气

1. 故障描述

某日，YB×× 气井套压上涨 20MPa 左右，对油套环空进行取样分析后，发现环空气样中硫化氢含量达到 6.7%，复测样品后依然存在 6.3% 的硫化氢组分，判断为油套环空界面存在漏点，导致地层中的硫化氢气体窜入到套管内。

2. 原因分析

主要由以下原因造成：

（1）井下油管内存在穿孔或气密封扣失效。

（2）封隔器密封失效。

（3）循环滑套异常打开。

（4）油管头密封组件失效。

3. 故障处理

（1）对该井进行了油管气密封检测，排除油管丝扣泄漏。

（2）拆除油管头一顶丝与注脂口，均未窜漏出硫化氢气体，排除油管头主副密封有效。

（3）开展环空液面监测，分析套管内部的液位亏空位置，利用压力平衡原理，通过油套压数值折算漏失位置，在封隔器位置，判断封隔器密封胶皮失效的可能性最大。

（4）考虑该井油套环空液面亏空，采取“小制度泄压 + 小排量加注”的方式逐步将环空液面提高至井口，提高气井产量，将油套压降低。

（5）环空液面上返到井口后，定期对套管环空液面及套管气、环空保护液样进行监测，在掌握窜漏规律后合理调整环空保护液替换周期，保证套管内压力稳定、腐蚀受控。

4. 经验教训

（1）气井投产之前，应坚持对完井管柱进行充分的气密封实验，避免完井管柱出现密封性不合格的情况。

（2）应充分考虑油套管管柱强度、封隔器抗压能力等，再制定出合理的套管限压值。

（3）应加强对套压尤其是关井期间套压上涨异常情况的跟踪与评价。

六、环空异常起压

1. 故障描述

某日，YB×× 气井技套 2 的环空压力从 4MPa 持续上涨至 29MPa 后稳定。

2. 原因分析

主要由以下原因造成：

（1）气井生产过程中的井筒热传导效应和鼓胀效应导致的相应的套管环空温度变化，以及管柱伸缩变形引起的环空带压。

（2）环空固井质量差或未固井到地面，导致环空存在裂缝渗流通道。

（3）地层应力环境发生变化，引起管柱结构变形。

（4）下一开套管头密封件失效，导致气体窜流而形成的环空带压。

3. 故障处理

（1）对比技套 1、油层套管与技套 2 的套压值，结果显示不一致，同时利用泄压管汇台对技套 1、油套进行泄压，技套 2 的套压值无变化，排除各级套管窜通的情况。

（2）对该井钻完井井史进行分析，发现技套 2 钻进过程中钻遇气层，同时固井质量有胶结不合格的层段。

（3）对该井技套 2 泄压至 0MPa 观察压力恢复情况，10 天后压力恢复到 27MPa 并稳定，初步判断技套 2 内固井质量差，环空存在微裂缝与地层连通。

（4）考虑该井管柱结构及管柱强度，合理制定了技套 2 限压值，定期组织对该井技套 2 泄压，保证该井井控安全。

4. 经验教训

（1）加强气井钻完井过程中的固井质量。

（2）定期对各级起压套管进行取样分析，及时发现出现的异常。

（3）加强管柱完整性评价及监测，一旦发现套管起压严重，井控风险不可控，须考虑修井或封井作业。

七、方井池底部地表窜气

1. 故障描述

某日，YB×× 场站值班人员在方井池底部巡检过程中发现地表有少量墨黑色淤泥出现，通过验漏发现该处有少量气泡产生，表明地表窜气。

2. 原因分析

可能是套管完井质量差，钻遇的气层压力较高，水泥环与地层的胶结面质量不合格，从而导致地层与地面之间有裂缝通道。

3. 故障处理

（1）分段对各级套管进行泄压，观察气泡变化情况。通过逐级泄压后，判断为技套1套管带压引起的地表窜气。

（2）翻阅钻完井井史，技套1钻遇气层位于 ××m 左右，此处固井质量差，水泥环存在较高的窜层风险，通过邻井资料估算该处的气藏压力约为11MPa。

（3）对方井池底部进行水泥加固，封堵窜漏层，同时在底部预留一条引流通道，在站外预制集火罩，当气泡不可控时采取点火放喷的方式确保井控安全。

4. 经验教训

（1）加强气井钻完井过程中的固井质量。

（2）合理制定泄压值，定期对各级套管泄压，防止水泥环承受应力过大。

（3）提前建立井控应急预案和成立应急小组，针对高风险井控事件要做足应急演练与防治措施。

第三节　井口装置类设备故障

一、采气树 7# 清蜡阀门漏气

1. 故障描述

某日，YB×× 场站值班人员在进行开关井测试过程中，发现采气树有硫化氢泄漏，对采气树进行验漏，发现采气树帽油壬顶部有气泡冒出。

2. 原因分析

主要由以下原因造成：

（1）采气树帽油壬未安装到位，导致密封圈密封不严。

（2）采气树帽密封面本体损伤，密封不严导致外漏。

（3）采气树帽密封圈受损，导致外漏。

3. 故障处理

（1）关井泄压，检查采气树帽压盖油壬是否紧固到位，若重新紧固后仍然存在外漏，则应拆卸采气树帽检查密封圈。

（2）拆卸采气树帽检查，发现采气树帽密封圈已损坏。

（3）更换密封圈后恢复安装，开井验漏无漏点。

4. 经验教训

（1）采气树帽的“O”型密封圈属于橡胶密封件，易老化和磨损，因此采气树帽的油壬压盖紧固到位后不得轻易进行松紧。值班人员更不宜无故进行拆卸，以免损坏密封圈。

（2）采气树帽的密封工艺和密封件质量存在不可控风险，日常加强检查、维护。

二、采气树平板闸阀的注脂阀外漏

1. 故障描述

某日，YB×× 场站值班人员在日常巡检过程中发现采气树 7# 阀门注脂阀阀帽观察孔存在外漏情况，硫化氢显示“7ppm”（1ppm=10^{-6}）并报警。

2. 原因分析

主要由以下原因造成：

（1）注脂阀与阀门连接处丝扣密封不严，酸气从阀腔内沿丝扣漏出。

（2）注脂阀的单流结构失效，酸气从单流结构漏出（图 1–1）。

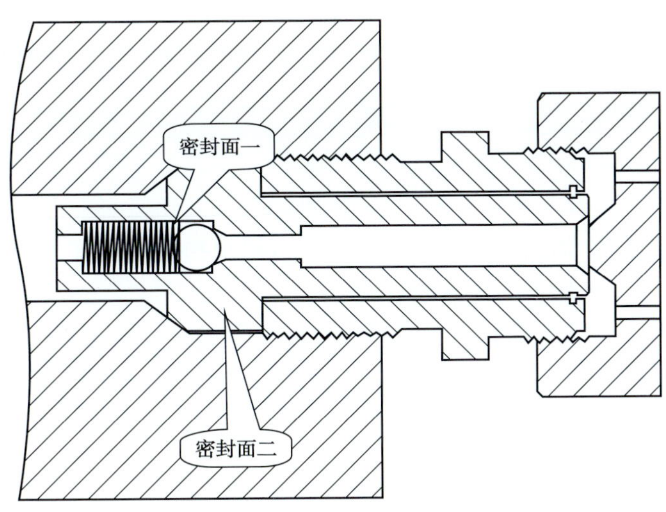

图 1–1 注脂阀结构图

3. 故障处理

（1）关井泄压，将采气树 4# 阀门上部压力泄为零。

（2）在确认采气树阀门无内漏后，关闭采气树 7# 阀。

（3）拆卸泄漏的注脂阀，检查判断丝扣密封良好，注脂阀阀芯根部密封面无损坏。

（4）判断泄漏原因为单流结构失效气体外漏，更换注脂阀后，开井验漏，注脂阀无漏点，恢复正常。

4. 经验教训

（1）介质中含有杂质，进入注脂阀单流结构内钢珠密封面，造成钢珠与斜面不能密封，介质外漏。

（2）介质压力长时间面向单流结构钢珠，使钢珠或者斜面变形，密封面二无法形成密封，介质外漏。

（3）单流结构内弹簧失效，使钢珠出现活动不灵活或无法复位，挤压造成斜面变形，密封面二无法形成密封，介质外漏。

（4）密封面一的斜面变形，造成密封面一不能密封，介质外漏。

三、采气树平板阀注脂后注脂管线无法拆除

1. 故障描述

某日，YB×× 场站职工在开展采气树阀门注脂保养过程中，在对采气树生产翼 11# 阀门注脂保养后发现注脂管线憋压，不能拆除。

2. 原因分析

主要由以下原因造成：

（1）使用的润滑脂较稠或含杂质，润滑脂、杂质进入阀门注脂阀体内，造成注脂阀单流结构钢珠无法复位，阀腔内酸气进入注脂管线，造成注脂管线憋压。

（2）注脂阀的单流结构腐蚀损坏，密封失效，阀腔内酸气进入注脂管线，造成注脂管线憋压。

3. 故障处理

（1）站场值班人员在关井泄压后，拆除泄压管线。

（2）工作人员拆除泄漏的注脂阀，检查注脂阀丝扣密封良好，判断泄漏原因为注脂阀单流结构失效，气体外漏进入注脂管线。

（3）更换阀门注脂阀，开井验漏注脂阀无漏点，阀门恢复正常。

4. 经验教训

（1）根据关井计划，制订井站相应的维护保养计划，充分利用关井时间对采气树泄压后进行注脂保养。

（2）日常加强巡检过程中对采气树注脂阀进行验漏，若发现“跑、冒、滴、漏”则立即汇报并处置。

（3）在拆卸注脂阀帽时，对注脂阀仔细检查，确认有无外漏，对有渗漏的注脂阀不能直接加注润滑脂。

（4）在注脂管线上安装一只高压截止阀并与注脂阀连接，当发生注脂阀失效，管线憋压时，可通过关闭截止阀拆除泄压管线，待关井泄压后，拆除高压截止阀及更换注脂阀，不影响井站正常生产。

四、采气树平板阀外漏

1. 故障描述

某日，YB×× 场站值班人员在开井过程中发现采气树生产翼 11# 阀门盘根处外漏，用验漏壶验漏发现阀门阀杆处有气泡冒出。

2. 原因分析

主要由以下原因造成：

（1）平板阀盘根密封面有机械损伤，导致密封不严。

（2）平板阀盘根膨胀不足，导致密封不严。

（3）平板阀盘根压帽未压紧盘根及上座，盘根沿阀杆轴向偏斜，导致密封不严。

3. 故障处理

（1）拆卸泄漏的平板闸阀盖帽，发现盘根压帽较松，未压紧盘根。

（2）现场对盘根压帽重新紧固后，恢复阀门盖帽。

（3）对阀板加注润滑脂，使阀门盘根复位并胀开，确保其密封性。

（4）开井验漏阀门无漏点，恢复正常。

4. 经验教训

（1）在安装阀门盘根时，要保持阀杆及盘根清洁、无杂质。

（2）阀门在更换新盘根后，盘根压帽等安装要紧固到位，避免密封不严。

（3）在生产过程中，定期对阀门小范围活动（2~3 圈），确保盘根处于完全胀开状态。

五、采气树阀门力矩过大、无法开关动作

1. 故障描述

某日，YB××场站对井站采气树阀门进行注脂保养过程中发现21#阀门无法开关动作，使用F扳手增加力矩仍无法开关动作。

2. 原因分析

主要由以下原因造成：

（1）阀板与阀座咬死。在阀板与阀座的结合面上可能会产生很大的正压力，从而形成较大的静摩擦力。当进行阀门关闭操作时，一旦使用的力矩过大，就会造成阀板与阀座咬死，导致闸阀不能正常开启。

（2）阀门长期没有活动。由于阀门长期没有活动，在阀门的阀板与阀座之间、阀杆与填料之间、阀杆螺纹与提升螺母之间就会出现污垢并堆积，增加各运动面的阻力，很可能导致闸阀不能正常开启或关闭，即卡死。

（3）阀门开关过度造成阀杆弯曲。过度的开关阀门会造成阀杆的弯曲变形，阀杆失去良好的直线度，与提升螺母产生极大的阻力，从而导致阀门卡死，无法开启。

（4）介质对阀门运动件的腐蚀影响。介质中的腐蚀成分、气田水、空气及空气中的腐蚀成分，造成阀门运动件的腐蚀。轴承内进入杂质或干磨导致滚针磨损，或者由于酸性腐蚀导致轴承损坏。

3. 故障处理

（1）将呈弱酸性的清洗剂注入高压阀腔内浸泡，清洗杂质。

（2）24h 后再对阀门轴承注入黄油，对阀门内部件进行润滑。

（3）一边用 F 扳手对阀门进行活动，一边用橡胶锤敲击阀杆，但未能解决阀门卡死问题，排除阀板与阀座咬死，或长时间未活动的原因。

（4）现场对阀门内部运动件进行拆卸检查，发现轴承损坏导致阀门力矩过大，无法开关动作，现场更换后恢复正常。

4. 经验教训

（1）采气井口装置的阀门必须要周期性地进行开关活动，以避免杂物沉积卡阻。

（2）定期对阀门的阀板、轴承进行润滑保养。

（3）平板闸阀在使用过程中必须是全开或全关的状态，不允许半开或半关；同时在平板闸阀开关到位后，不宜大力矩再开关动作且需要回转 1/4~1/2 圈，以免损伤轴承和提升螺母。

（4）定期对阀门内部运动件进行清洗和检查，保证阀门灵活好用、开关正常。

六、地面安全阀内漏

1. 故障描述

某日，YB×× 场站值班人员关闭地面安全阀，对采气树进行泄压，泄压后发现在生产翼 9# 与 11# 阀门之间的油压压力表示数由 0MPa 上升至 9MPa，地面安全阀存在内漏。

2. 原因分析

主要由以下原因造成：

（1）井筒内返出的杂质聚集在地面安全阀阀腔内，由于地面阀门长期没有活动，在阀门的阀板与阀座之间、阀杆与填料之间、阀杆螺纹与提升螺母之间就会出现污垢并堆积，引起阀门关闭不到位，酸气从缝隙漏出。

（2）阀门阀板内外密封不严，导致酸气进入阀腔，再从阀腔泄漏至下游。

（3）在地面安全阀阀板处形成了水合物，造成阀门卡堵、关闭不到位。

3. 故障处理

（1）检查阀门阀杆长度，通过测量本井站地面安全阀开启后阀杆长度，发现阀杆比实际完全关闭时伸出的长度短 2cm，判断为阀腔内有堵塞物（图 1–2）。

(a)阀门全关

(b)阀门未完全打开

(c)阀门完全打开

图 1–2　检查阀门阀杆长度

（2）现场用热水持续浇淋地面安全阀阀腔。

（3）经过1h的浇淋后，再次开关活动地面安全阀，此时地面安全阀阀杆完全伸入，阀门恢复正常。

（4）在关闭地面安全阀泄压后，油压压力表示数无变化，判断阀门未出现内漏。

4. 经验教训

（1）地面安全阀是井控的重要阀门，应定期对阀门进行开关性功能测试，验证阀门是否能够完全开启和关闭，是否存在内漏。

（2）定期对阀门的阀板、阀座、密封件进行润滑保养。

（3）当井筒油温较低时，尽量避免使用地面安全阀进行正常生产流程切断，以免在开关时形成水合物。

七、采气树节流阀外漏

1. 故障描述

某日，YB×× 场站值班人员在对采气树进行放空泄压的过程中，打开节流阀时，发现生产翼笼套式节流阀阀杆处有气泡冒出。

2. 原因分析

主要由以下原因造成：

（1）采气树节流阀盘根密封面有机械损伤，导致密封不严。

（2）节流阀盘根膨胀不足，导致密封不严。

（3）节流阀盘根盒内锥环未压实盘根隔环及上座，盘根沿阀杆轴向偏斜，导致密封不严。

（4）当压力较高时，介质高压将盘根内径压向阀杆，使盘根变形量加大，更紧地与阀杆接合，达到密封效果；当压力较小时，盘根的变形量小，介质从盘根的刮痕处向外泄漏介质。

3. 故障处理

（1）关井，泄压吹扫后对笼套式节流阀进行拆卸，发现节流阀内杂质多，盘根内径密封有细微的刮痕，故判断为盘根密封面有机械损伤，导致密封不严。

（2）由于笼套式节流阀内部构造复杂，发生泄漏后采取更换试压合格的节流阀。

（3）整体更换节流阀后开井验漏，阀杆无漏点，能够正常活动。

4. 经验教训

（1）在节流阀盘根安装时，要保持阀杆及盘根清洁。

（2）阀门在更换新盘根后，要对填料盒进行加压以使盘根充分膨胀。

（3）在生产过程中，定期对节流阀进行冲压、泄压以清除阀腔内杂质，避免开关过程中杂质进入盘根。

八、采气树节流阀节流失效

1. 故障描述

某日，YB×× 场站值班人员在恢复生产时，发现采气树节流阀无法节流，且节流阀在打开后不能恢复到全关位置。

2. 原因分析

主要由以下原因造成：

（1）阀芯或阀座由于腐蚀或破损而起不到节流作用。

（2）阀座上的阀笼（碳化钨）脱落从而使节流阀失效。

（3）阀芯与填料盒的密封失效导致节流阀失效。

3. 故障处理

（1）关井，泄压后对节流阀进行拆卸检修。

（2）拆卸节流阀后发现节流阀阀座上的阀笼（碳化钨）已经脱离阀座，节流阀失去节流作用。

（3）因阀笼与阀座是采用热固定工艺，现场更换整只节流阀后恢复生产，损坏的节流阀返厂进行维修。

4. 经验教训

（1）含硫井在生产时，产生的化合物及结晶体容易导致阀芯与阀笼粘连，在开关过程中会导致阀笼脱离阀座而使节流阀失效。所以，在关井后可以开关活动几次节流阀以避免发生粘连的问题。

（2）在开井时，如遇节流阀打开力矩较大，可以采取外部升温和内部加注甲醇等方式以去除水合物及结晶体粘连，杜绝强开阀门。

（3）对节流阀阀笼的固定形式可以提出优化改进措施，比如增加锁紧定位销钉。

九、采气树节流阀无法关闭

1. 故障描述

某日，YB×× 场站值班人员在生产过程中执行关井作业时，发现采气树节流阀只能关闭 2/3。

2. 原因分析

主要由以下原因造成：

（1）节流阀阀腔内发生杂质堵塞。

（2）井筒流体温度低，在节流阀处发生水合物卡阻。

（3）节流阀阀杆弯曲变形。

3. 故障处理

（1）现场多次对节流阀进行开关活动和用热水浇淋始终无法完全关闭，且关闭力矩很大。

（2）作业人员在用 F 扳手试着加大力矩进行关闭时，听到“咔咔”的响声，仍然无法完全关闭。

（3）在对节流阀进行拆解后，发现节流阀阀腔内卡了一只完井时压裂管柱上的坐封球座芯，导致阀门不能完全关闭。同时，作业人员在用 F 扳手加大力矩关闭阀门时，使阀芯受强力挤压而破损。

（4）在清除阀腔异物后更换阀芯，回装节流阀，试压合格并恢复生产。

4. 经验教训

（1）在生产过程中对设备的巡查不到位，没有及时发现节流阀处有异物进入，在未对节流阀开度进行调节前，球座芯在节流阀处受气流的冲击会产生振动和异响。

（2）在发现节流阀不能正常关闭时，没有对可能存在的故障原因进行充分分析而制定出正确的处理措施。

（3）在发现节流阀不能关闭时，盲目地强行加大力矩实行关闭动作，导致阀芯被挤压破损。

（4）加强对完井管柱及采气树节流阀结构原理的学习，以便于正确地判断故障类型和制定处理措施。

十、采气树节流阀观察孔堵头漏气

1. 故障描述

某日，YB×× 场站值班人员在巡检时发现采气树 24# 节流阀观察孔的泄压堵头有泄漏，当用验漏壶验漏时，有气泡冒出。

2. 原因分析

主要由以下原因造成：

（1）泄压堵头的密封锥面受酸性介质腐蚀或塑性变形。

（2）观察孔本体的密封锥面受酸性介质腐蚀或塑性变形。

（3）泄压堵头紧固不到位，导致密封不严。

3. 故障处理

（1）在关闭地面安全阀后，对采气树上部压力进行放空泄压，对泄压堵头进行紧固，发现已经没有紧固的余地。

（2）拆除泄压堵头并检查，发现顶端的密封锥面有变形、损伤。

（3）更换泄压堵头。

（4）开井，对安装完成的堵头进行密封性验证，当压力达到 10MPa 时泄压堵头开始泄漏，重新更换一只泄压堵头试压 10MPa 时仍然泄漏，判断为观察孔本体密封锥面受损。

（5）更换不带泄压功能的盲堵头（盲堵头可靠锥面及丝扣密封双重密封），重新试压，试压合格。

4. 经验教训

（1）锥面密封的部件上扣力矩不宜过大，这样容易导致密封锥面受损，尤其是当阀门主体的密封锥面变形后有可能让整只阀门无法投用。

（2）观察孔有锥面和丝扣两种密封途径，所以在准备备品备件时要考虑到两种不同形式的堵头，以便满足现场的不同应急情况。

十一、采气树非生产翼盲板丝堵外漏

1. 故障描述

某日，YB×× 场站值班人员在巡检时发现采气树非生产翼盲板法兰丝堵处有泄漏。

2. 原因分析

主要由以下原因造成：

（1）丝堵在安装时生料带缠绕较少，丝堵在紧固时力矩不够，密封不严有泄漏。

（2）缠绕的生料带在硫化氢气体环境中变性，导致丝扣密封不严有泄漏。

（3）丝堵抗硫性不好，丝扣被硫化氢腐蚀，造成密封不严有泄漏。

3. 故障处理

（1）关井，泄压后拆卸丝堵，检查丝堵完好，生料带较少，故判断为安装时力矩不够，造成密封不严。

（2）现场重新缠绕生料带后，先用管钳预安装，避免将缠绕的生料带损坏，最后用敲击扳手紧固。

（3）开井验漏，丝堵处无漏点。

4. 经验教训

（1）在安装丝堵时，缠绕生料带不能过少，也不能过多，应按相关要求以均匀缠绕 6~8 圈为最佳。

（2）在安装丝堵时，避免将缠绕的生料带损坏，影响丝堵密封性，可先用管钳和扳手将丝堵预紧，最后用敲击扳手进行紧固。

（3）在日常巡检过程中，加强对采气树丝堵处的检查、验漏，查看是否存在“跑、冒、滴、漏”，若存在则应立即采取措施进行处理。

第四节　井口自控类设备故障

一、井口控制柜调压阀损坏

1. 故障描述

某日，YB×× 场站值班人员在巡检时发现井口控制柜系统压力不稳，电机频繁启动补压。

2. 原因分析

主要由以下原因造成：

（1）系统调压阀（大调压阀）内漏，密封圈疲劳损坏，使其回油通道打开而导致系统压力有丢失，所以电机频繁启动补压。

（2）控制柜液控管线卡套崩落，接头处渗漏，造成电机频繁启动补压。

（3）控制柜内电池阀内漏，造成系统压力损失，电机频繁启动补压。

（4）控制柜手压泵内漏或外漏，导致系统压力损失，电动泵频繁启动补压。

（5）控制柜电机启停控制器发生故障，导致电动泵频繁启动打压。

3. 故障处理

（1）对井口控制柜的井下和地面安全阀油路做好屏蔽。

（2）检查控制柜液控管线各元器件连接处是否有外漏，确认无外漏。

（3）在拆卸调压阀（大调压阀）的回油管线接头后，发现有液压油滴出，故判断为大调压阀内漏，造成系统压力下降快，电动泵频繁启动。

（4）在拆解调压阀后，发现调压阀密封件损坏。

（5）在更换调压阀后，重新启动控制柜，控制柜恢复正常。

4. 经验教训

（1）控制柜油箱油品应定期更换，并取样分析油品品质。

（2）检修时，对液控管线、过滤器进行清理，避免杂质残留在油路管线内，损坏调压阀密封圈。

（3）发现控制柜调压阀，如内漏应立即更换调压阀，确保控制柜正常运行。

（4）控制柜使用更优质的油品。

二、井口控制柜液控管线渗漏

1. 故障描述

某日，YB×× 场站值班人员在巡检时发现井口控制柜地面安全阀液控管线渗油，电机频繁启动补压，无法开井。

2. 原因分析

主要由以下原因造成：

（1）液控管线卡套因电机启动时的振动而发生松动，在开地面安全阀时，管线卡套突然崩落。

（2）卡套芯子锥环损坏，造成卡套崩出。

（3）卡套未上紧崩落。

（4）高压造成液控管线爆裂、渗漏。

3. 故障处理

（1）对液控管线各卡套进行检查，发现渗油处卡套芯子锥环较松动。

（2）更换卡套组件。

（3）重新紧固卡套。

（4）启动控制柜开井，管线无渗漏，电机恢复正常。

4. 经验教训

（1）卡套连接便于维护和检修，安装方便，密封性能好，但不适用于高温、有振动的地方。

（2）对控制柜及内部液压管线重新固定，减少由于电机振动而导致的卡套松动。

（3）在日常巡检时，要对卡套连接处进行重点检查，发现问题要及时处理，确保控制柜正常运行。

三、井口控制柜先导压力偏高

1. 故障描述

某日，YB×× 场站值班人员发现井口控制柜面板先导压力偏高，超过限定值。

2. 原因分析

主要由以下原因造成：

（1）先导压力溢流阀因电机振动造成不溢流或溢流值调节不灵敏。

（2）先导压力受温度升高的影响，压力升高。

（3）在系统压力自动补压的瞬间，各压力高于系统设定值，导致先导压力升高。

（4）控制柜调压阀在长时间运行过程中，受温度、振动等工况条件影响，使其工作压力在设定压力上下波动变化，导致先导压力偏高。

3. 故障处理

（1）对地面、井下安全阀进行屏蔽。

（2）检查控制柜先导压力溢流阀溢流口，确认未溢流。

（3）重新调整先导压力溢流阀溢流值，将先导压力溢流值调节为系统设定值。

（4）观察控制柜面板各压力无异常，解除地面、井下安全阀屏蔽。

4. 经验教训

（1）先导型溢流阀故障失灵及造成先导压力偏高的原因有：①先导阀阀芯弹簧折断；②阻尼孔堵塞；③先导阀阀口密封不良；④主阀芯卡死等。相应的排除措施是：①更换或在折断处加平垫以备应急使用；②清洗、疏通阻尼孔；③研磨或将该油路断路以备应急使用；④研磨、清洗主阀芯。

（2）定期对溢流值进行重新校正，确保溢流效果，保证控制柜正常运行。

四、井口控制柜 SCADA 数据掉线

1. 故障描述

某日，YB×× 场站值班人员在值班室发现井口控制柜 SCADA 数据掉线，控制柜各项参数在系统界面上全部失真，但井口控制柜控制的井下、地面安全阀处于正常工作状态。

2. 原因分析

主要由以下原因造成：

（1）井口控制柜 RTU 模块损坏（RTU 底座网线端口松动），数据无法传输至系统。

（2）控制柜 RTU 未安装浪涌保护器，雷击导致 RTU 损坏，无法传输数据。

3. 故障处理

（1）检查控制柜内 RTU 模块电源状态灯，若不亮，则 RTU 未得电。

（2）检查供电玻璃管保险丝是否损坏，若损坏则更换保险丝。

（3）检查控制柜内 RTU 模块通信信号灯，若信号灯不闪烁，检查 RTU 底座网线端口是否正常，若 RTU 模块故障，更换控制柜 RTU 模块。

（4）用计算机检查 RTU 程序是否出错，若出错则重新下载安装正常程序。

4. 经验教训

（1）RTU 是井口安全控制系统的重要传输、控制通道，必须保证其完好，在调试或巡检过程中全面检查 RTU 程序及控制柜供电保险丝，做好程序备份及保险丝的备品备件申报工作。

（2）定期打开控制柜电气箱检查 RTU 的工作状态，并对 RTU 关断性功能进行测试。

（3）夏季雷雨多，做好控制柜防雷接地工作，为 RTU 安装好浪涌保护器，避免雷击损坏。

五、地面安全阀不能正常开启

1. 故障描述

某日，YB×× 场站值班人员远程关断地面安全阀，在复位时，操作控制面板按钮，地面安全阀不能正常打开。

2. 原因分析

主要由以下原因造成：

（1）系统压力调压阀内漏，密封圈疲劳损坏使其回油通道打开而导致系统压力不足。

（2）控制柜内电池阀内漏，造成系统压力不足。

（3）控制柜内电池阀供电线路故障，造成电磁阀不能得电。

（4）控制柜内 RTU 程序损坏，不能执行开阀命令。

（5）在开启地面安全阀时，未将高、低压传感控制由运行置于旁通。

图 1-3 和图 1-4 是高、低压传感器的两个状态图，控制柜面板高、低压传感器值班手柄即一个两位三通球阀，在复位后电磁阀打开，先导压力通过电磁阀，最后进入液控三通阀，从而打开地面安全阀。

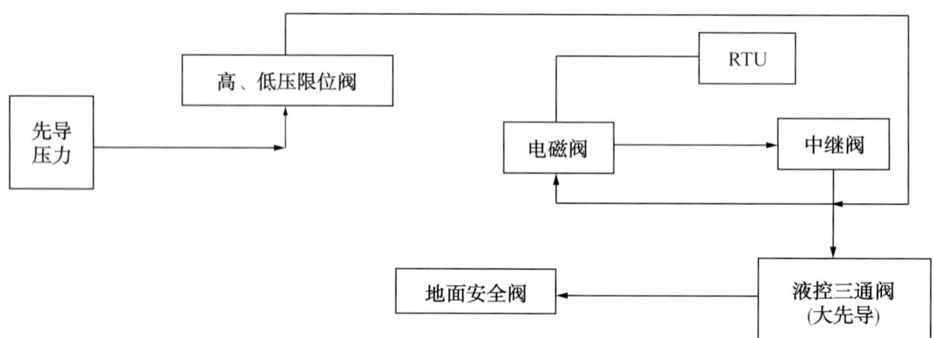

图 1-3　高、低压限位阀投用时油路图（运行 / 正常时）

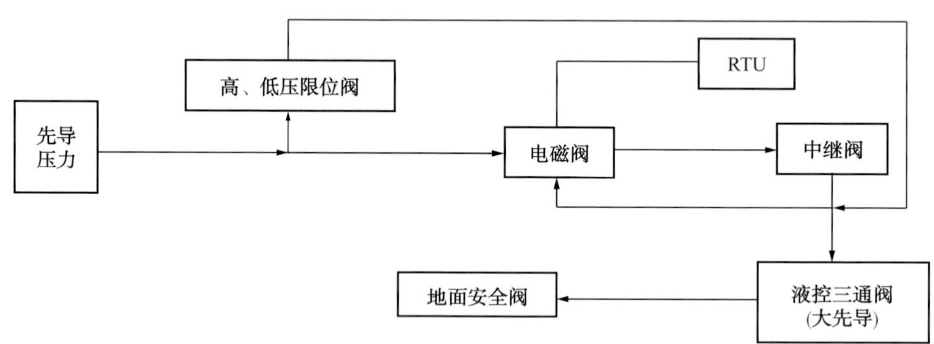

图 1-4　高、低压限位阀停用时油路图（启动 / 旁通时）

3. 故障处理

（1）检查系统各级压力，未发现异常。

（2）按下地面安全阀开阀按钮后，电磁阀能正常得电，程序运行正常。

（3）拆下电池阀油路管线，未发现渗漏情况。

（4）检查高、低压限位阀的阀位状态，未打到旁通位置，重新调整阀门状态后，地面安全阀正常开启。

4. 经验教训

（1）在操作井口控制柜时，严格按照说明书 / 手册进行，在开井时，高、低压限位阀需要置于旁通位置，在正常生产时，高、低压限位阀的阀位开关打到运行位置。

（2）加强井口控制柜操作培训。

六、地面安全阀无法远程关闭

1. 故障描述

某日，YB×× 场站三级节流后温度下降至 8℃，三级节流后压力从 6.5MPa 突然升高至 8.4MPa，值班人员立即执行远程关地面安全阀操作，现场地面安全阀未动作。

2. 原因分析

主要由以下原因造成：

（1）SCADA 画面及中控室至井站的通信有故障。

（2）井口控制柜的 RTU 存在通信故障。

（3）井口控制系统的液压回油路不畅通。

（4）地面安全阀被卡死。

3. 故障处理

（1）领取井口 RTU 备件进行更换，并进行关断测试。

（2）系统专业人员对网络及通信进行测试，对本井站全站关断逻辑进行检查并进行相应的关断测试。

（3）对井口安全控制系统的液控阀、回油通道进行检查并做功能测试。

（4）对原用 RTU 进行功能测试，其功能显示正常。

（5）对井口安全控制系统的液压油进行更换，对液压管路进行冲洗。对更换下来的液压油进行送检分析，化验品质。

4. 经验教训

（1）定期检查各个井站关断逻辑，在停工检修或关井保养的过程中严格按照井站的逻辑关断测试表进行关断测试，确保逻辑触发正确无误。

（2）定期对地面安全阀及井下安全阀进行开关功能测试。

（3）严格按照规范及相关要求对地面安全阀进行注脂润滑保养。

（4）严格按照规范及相关要求对井口安全控制系统的液压油进行检查和更换，保证液控执行元件功能正常。

（5）加强对井口 RTU 的硬件设施及程序软件的检查。

（6）根据油品的品质化验情况进行优化。

七、地面安全阀系统压力超高

1. 故障描述

某日，YB×× 场站值班人员发现井口控制柜面板地面安全阀系统压力超过额定值。

2. 原因分析

主要由以下原因造成：

（1）地面安全阀溢流阀因电机振动造成不溢流或溢流值调节不灵敏。

（2）地面安全阀控制压力受温度升高的影响，压力升高。

（3）系统压力自动补压的瞬时压力高于系统设定值，导致控制压力升高。

（4）控制柜调压阀在长时间运行过程中，受温度、振动等工况条件影响，其工作压力在设定压力上下波动，导致地面压力偏高。

3. 故障处理

（1）对地面、井下安全阀进行屏蔽。

（2）检查控制柜地面安全阀系统压力溢流阀溢流口未溢流。

（3）重新调整地面安全阀溢流值，将地面安全阀溢流值调节为系统设定值。

（4）观察控制柜面板各压力无异常，解除地面、井下安全阀屏蔽。

4. 经验教训

（1）当由于环境温度或人为误操作导致系统压力高于设定值时，井口控制系统溢流阀会自动释放多余压力，维持系统正常压力。但由于溢流阀可能会由于压力调整不当、先导阀阀芯弹簧弯曲或变软、油液过脏或油液流动不畅等原因导致溢流失效。在夏季，特别要加强对井口安全控制系统的各级压力进行检查，防止设备损坏和异常关井。

（2）定期更换液压油并取样分析，根据化验分析结果制定合理的油品更换周期及取样周期。

（3）定期对井口控制柜的液压油进行更换和对液控原件进行清洗，以避免杂质损坏或堵塞液控阀。

八、井下安全阀运行压力超高

1. 故障描述

某日，YB×× 场站值班人员发现井口控制柜的井下安全阀控制压力异常升高，超过控制柜额定压力。

2. 原因分析

主要由以下原因造成：

（1）井下安全阀控制压力溢流阀因电动泵振动造成不溢流或溢流不灵敏。

（2）井下安全阀控制压力受温度升高的影响，压力升高。

（3）系统压力自动补压的瞬时，各压力高于系统设定值，导致控制压力升高。

（4）控制柜调压阀在长时间运行过程中，受温度、振动等工况条件影响，其工作压力在设定压力上下波动，导致井下安全阀压力偏高。

3. 故障处理

（1）对地面、井下安全阀进行屏蔽。

（2）检查井下安全阀溢流阀溢流口未溢流。

（3）重新调整井下安全阀溢流值，将井下安全阀溢流值调整为系统设定值。

（4）观察控制柜各压力无异常，解除地面、井下安全阀屏蔽。

4. 经验教训

（1）将井口控制柜井下安全阀溢流阀调整为设定值后，要对溢流阀进行锁紧定位，避免因电机启动时控制柜振动而改变溢流阀的设定值。

（2）周期性地对井口控制柜进行泄压重启，以避免因油品变质和温度变化等因素的影响导致压力异常。

（3）定期对井口控制柜的液压油进行更换和对液控原件进行清洗，以避免杂质损坏或堵塞液控阀。

（4）在夏季，特别要加强对井口安全控制系统的各级压力检查，防止设备损坏和异常关井。

九、井下安全阀异常关闭

1. 故障描述

某日，YB×× 场站职工在处理某井口控制柜电磁阀漏点时，对井口控制柜进行泄压操作，井下安全阀液压控制系统突然压力降低，井下安全阀关闭。

2. 原因分析

主要由以下原因造成：

（1）井下安全阀控制压力屏蔽针型阀关闭不到位。

（2）井下安全阀控制压力屏蔽针型阀密封失效。

3. 故障处理

现场判断为井下安全阀控制压力屏蔽针型阀内漏导致井下安全阀控制压力下降。

（1）重新更换井下安全阀控制压力屏蔽针型阀。

（2）重新打开井下安全阀屏蔽针型阀。

（3）在控制柜面板上执行开井操作，开启井下安全阀。

4. 经验教训

（1）加强风险识别意识，现场对各项风险加强预防。

（2）对井下安全阀、地面安全阀进行屏蔽完成后，现场关闭地面安全阀、井下安全阀后，需对井口流程压力进行 15min 观察，确认后流程压力不下降时，再进行作业。

（3）需尽可能缩短作业时间，减小针型阀内漏导致关闭井下安全阀的风险。

（4）对井下屏蔽措施进行改造，增加一个针型阀和压力表。

十、井下安全阀无法打开

1. 故障描述

某日，YB×× 场站值班人员在执行正常的开井过程中操作井口控制柜，井下安全阀不动作，无法打开。

2. 原因分析

主要由以下原因造成：

（1）部分井井下安全阀不具备自平衡功能。

（2）井下安全阀上部油压为零，下部存在圈闭压力、上下压差过大的情况。

（3）井下安全阀使用年限较长，开关动作不灵活。

（4）井下安全阀的开启控制压力不够。

（5）井下安全阀屏蔽阀已关闭，控制压力无法传输至井下安全阀。

3. 故障处理

（1）作业人员多次对井下安全阀打压，结果均无法打开井下安全阀。

（2）采用手压泵单独连接井下安全阀控制端的方式提高井下安全阀的液控压力，高于额定压力 3000psi（$1psi=6.895\times10^3Pa$），结果仍无法打开井下安全阀。

（3）由于该井站井下安全阀不带自平衡功能，最后利用泵车对井下安全阀上部油管补充平衡压力后，在控制压力下将井下安全阀打开。

4. 经验教训

（1）日常关井时关闭地面安全阀，不宜轻易关闭井下安全阀，尤其不能轻易将井下安全阀关闭后再将上部压力放空。

（2）定期对井下安全阀进行开关测试，保证井下安全阀开关功能正常。

第二章　集输工艺系统常见故障判断与处理

本章主要对甲醇加注泵、缓蚀剂加注泵、污水缓冲罐罐底泵、火炬分液罐罐底泵、分析小屋、水套加热炉、火炬系统、地面流程自控阀门、节流阀、BDV 阀、污水综合处理系统、取样分析化验以及其他设备故障的判断和处理措施进行详细的分析和描述，为含硫油气田集输工艺中相似故障的判断与处理提供借鉴。

第一节　甲醇加注泵故障

一、补油阀过滤网堵塞

1. 故障描述

某日，YB×× 场站在开井前对井口甲醇加注泵进行调试，调试人员发现井口甲醇加注泵启动后，泵出口压力表无压力显示，泵出、入口单向阀无开关动作声音，现场采用标定柱标定时标定柱液位无变化。

2. 原因分析

井口甲醇加注泵主要由电动机、传动端和液力端三部分构成。经调试人员现场排查，发现启泵后电动机工作正常，隔膜压力报警器无报警显示，因此初步判断故障点在液力端。井口甲醇加注泵液力端故障主要有以下几类：

（1）隔膜腔中进空气。

（2）泵入口过滤网堵塞。

（3）补油阀卡阻不回位。

（4）液压油中有脏物，补油阀滤网孔被塞死。

（5）进、出口单向阀的阀面损坏或杂物卡阻，造成单向阀失效。

（6）安全阀、补油阀动作不正常。

3. 故障处理

（1）首先对井口甲醇加注泵进行隔膜腔排气操作：打开泵头排气嘴、隔膜压力报警探头侧面排气嘴，先对隔膜腔进行排空，再打开出口管线排空阀进行排空操作，排空操作完成后，再次启泵，发现故障现象未消除。

（2）接着对泵前入口“Y”型过滤器过滤网拆卸检查，发现无堵塞。

（3）再对加注泵补油阀及补油阀过滤网拆卸检查，发现补油阀过滤网被油漆片等杂物堵塞，且“O”型密封圈变形损坏，调试人员对补油阀过滤网进行清洗、更换“O”型密封圈。

（4）最后更换加注泵液压油，打开安全排气阀，排出液压腔空气，将行程调节机构归零位，启泵并缓慢调节行程，缓慢打开出口排空阀，排空至无气体，约2~3min后，关闭排空阀，隔膜计量泵逐渐升压，标定柱液位下降，工作正常。

4. 经验教训

（1）新机泵在投用前，应对各部件进行解体检查。对于甲醇加注泵来说，对传动端进行开盖检查齿轮、轴承、润滑油及箱体等部件。液压端检查液压油、油路是否畅通、出入口管线及单向阀是否泄漏等情况。

（2）首次启泵或长时间停泵后再次启泵时，应打开泵的排空管线进行排空操作。

（3）在后期使用过程中，应定期检查清洗补油阀及补油阀滤网。

（4）引起加注泵故障的原因较多，在处理该类故障时遵照由易到难的原则，逐项排除，可以有效提高现场故障处理效率。

二、隔膜破裂

1. 故障描述

某日，YB××场站开井前，值班人员在启动井口甲醇加注泵向井口加注甲醇时，发现加注泵隔膜压力报警探头有报警显示且在探头接口处发生连续性泄漏，值班人员立即停泵并通知维保人员到场检查。

2. 原因分析

甲醇加注泵是通过柱塞（活塞）在液压缸中做往复运动，促使膜腔内的液压油的压力发生变化，推动隔膜在膜腔内做前后鼓动，在吸、排阀的配合作用下，达到吸、排液体的目的。因此，可以从故障现象上直观判断为泵的隔膜破裂及隔膜压力报警探头“O”型密封圈失效。

导致隔膜破裂的原因主要有：

（1）在长周期持续工作情况下，隔膜发生疲劳破裂。

（2）膜腔内进入硬物，损坏隔膜片。

（3）工作压力超过隔膜片设计压力，导致隔膜片从薄弱处破裂。

导致“O”型密封圈失效的原因主要有：

（1）“O”型密封圈疲劳失效。

（2）工作压力过高，超过“O”型密封圈抗压强度，导致其损坏。

（3）隔膜压力报警探头安装不规范，导致“O”型密封圈未起到密封作用。

3. 故障处理

（1）将液压泵头解体，取出隔膜片，发现隔膜片出现明显破裂。

（2）将隔膜压力报警探头拆下，检查其“O”型密封圈，发现“O”型密封圈起毛变形。

（3）重新更换隔膜片及隔膜压力报警探头“O”型密封圈，启泵调试，故障现象消失，泵况正常。

4. 经验教训

（1）隔膜计量泵属于容积式泵，启泵时一定要打开出口阀，避免憋压损坏隔膜部件。

（2）在检修试泵时，可以通过将行程调节到最小进行缓慢升压，以判断是否能达到工况需求压力。

（3）加强日常巡检工作，定期对加注泵进行标定，重点观察隔膜压力报警情况及动、静密封点密封情况。

三、润滑油不匹配

1. 故障描述

某日，YB×× 场站在开井前对井口甲醇加注泵进行调试，调试人员发现井口甲醇加注泵启动后，泵出口压力表无压力显示，泵出、入口单向阀无开关动作声音，现场采用标定柱标定时标定柱液位不下降。调试人员对泵入口过滤网进行拆卸清洗，对泵进行排空处理均未解决此故障。

2. 原因分析

从调试人员现场检查及处理情况进行分析，可以排除隔膜腔中进空气、泵入口过滤网堵塞造成的泵不排液。因此，造成泵不排液的原因可能为：

（1）补油阀卡阻不能回位。

（2）补油阀滤网堵塞。

（3）进、出口单向阀损坏或杂物卡阻。

3. 故障处理

（1）针对上述原因，调试人员拆解泵体，对补油阀和进、出口单向阀进行检查，发现其部件完好、工作正常。

（2）接着对补油阀滤网进行清洗，未发现滤网堵塞，但在清洗过程中发现液压油黏度过大，明显与推荐液压油型号不同。因此，分析认为，该泵是由于液压油不匹配，黏度过大导致补油阀不能及时补油，从而引起该泵隔膜不动作。

（3）调试人员将该泵液压油进行更换，重新进行启泵操作，该泵工作正常。

4. 经验教训

（1）加强设备入场调试监督工作，确保到场设备符合规范要求。

（2）在后期运行管理中，应制定润滑图册，严格落实润滑“五定”制度。

第二节　缓蚀剂加注泵故障

一、隔膜腔进空气

1. 故障描述

某日，YB×× 场站值班人员在站控室发现缓蚀剂加注泵远传流量显示为 0，随后值班人员到现场进行检查，发现缓蚀剂加注泵流量计就地无流量显示，采用标定柱进行流量标定，标定柱液位无下降，随即打开泵出口管线排空阀，对管线进行排空，排空后启泵故障仍未解决。

2. 原因分析

元坝气田缓蚀剂加注泵与甲醇加注泵结构类似，通过现场检查发现电机及传动部分工作正常，综合该泵前期工作正常的情况，分析认为故障原因主要为：

（1）隔膜腔中进空气。

（2）补油阀工作不正常。

（3）泵入口滤网堵塞。

3. 故障处理

（1）首先打开泵入口过滤网，检查发现过滤网干净无堵塞，清洗后进行回装。

（2）拆卸补油阀，检查发现补油阀工作正常，无堵塞，清洗后回装。

（3）打开液压缸盖体及电动机叶轮护罩，手动转动电机对该泵隔膜腔进行排空操作，完成后回装液压缸盖体及电动机叶轮护罩。完成后进行正常启泵操作，该泵工作正常。

4. 经验教训

（1）在站控室发现加注泵无远传流量显示时，应及时进行现场确认及停泵。

（2）泵出口管线排空阀仅能对泵后管线中的气体进行排空，如隔膜腔中进入空气可采取手动转动电动机的方式进行排空。

二、声光报警

1. 故障描述

某日，YB×× 场站值班人员在现场巡检时，发现缓蚀剂加注泵显示声光报警，值班人员现场对报警器面板上的复位按钮进行复位操作，声光报警未消除，立即停泵进行现场检修。

2. 原因分析

缓蚀剂加注泵报警装置主要由报警源、压力传感器和报警器三部分组成。主要用于监测缓蚀剂泵隔膜是否损坏。缓蚀剂加注泵出现声光报警主要有以下原因：

（1）压敏传感器损坏。

（2）隔膜片损坏。

（3）压敏传感器内有空气压力进入。

3. 故障处理

（1）首先应确定是哪台泵触发的声光报警。现场逐一拧松缓蚀剂加注泵压敏传感器排放阀，对声光报警触发源进行排查。在对第 3 台加注泵压敏传感器排放阀拧松后（缓蚀剂加注泵共计 4 台，2 用 2 备），声光报警消除。由此可以确定是第 3 台泵触发的声光报警。

（2）拆开该泵压敏传感器，未发现有液压油泄漏。

（3）拆卸、检查该泵隔膜片发现隔膜片完好无损。

（4）对该泵压敏传感器进行解体、排空，然后安装恢复压敏传感器及隔膜片，重新启泵，缓蚀剂加注泵声光报警消除。

4. 经验教训

（1）加强巡检，定期检查隔膜报警装置和进行排空操作。

（2）在缓蚀剂加注泵出现声光报警时，应首先通过排除法确定声光报警触发源，然后再采取相应措施解决故障。

三、轴承损坏

1. 故障描述

某日，YB×× 场站值班人员在巡检时，发现缓蚀剂 2# 泵运行异常，出现明显异响、振动过大等现象。值班人员立即停止缓蚀剂 2# 泵，启用备用泵，并进行现场检修。

2. 原因分析

维修人员到达现场后，检查传动箱温度、润滑油液位及形态，均未发现异常。采用听诊方式检查该泵电动机后，初步判断为电机轴承故障。缓蚀剂电机轴承故障主要有以下原因：

（1）轴承润滑不足导致轴承磨损。

（2）电机密封不佳导致轴承进水生锈损坏。

（3）联轴器弹性块老化、断裂导致轴承工况异常。

3. 故障处理

对电机拆卸、解体后，检查发现其轴承联轴器弹性块破裂变形，轴承磨损严重。对其更换新轴承及联轴器弹性块，并对新轴承进行检查加润滑脂。恢复安装后，启动电机，故障现象消除。

4. 经验教训

（1）由于缓蚀剂加注泵电机不能在线加注润滑脂，因此应定期对其轴承拆卸检查，维护保养。

（2）在对电机进行拆卸后，应做好防雨措施，防止雨水进入电机轴承导致轴承损坏。

四、放气阀阀芯开启高度间隙过大

1. 故障描述

某日，YB××场站值班人员发现处于正常运行中的2#缓蚀剂泵流量远传显示为“0”，随即到现场进行检查，发现该泵流量计就地显示为“0”，采用标定柱进行标定，标定柱液位无下降。检查该泵泵出口压力，发现低于该泵缓蚀剂加注点管线压力，在对该泵泵后管线进行排空操作后，泵出口压力无变化。值班人员停止该泵，启用备用泵并对故障泵进行现场检修。

2. 原因分析

由于缓蚀剂撬块在其他缓蚀剂加注泵中工作正常，因此可以直接排除泵入口过滤网堵塞这一因素，除此之外，导致缓蚀剂泵泵后压力低、不排液的主要原因有：

（1）隔膜腔中进空气。

（2）补油阀工作不正常。

（3）放气安全阀工作不正常。

3. 故障处理

（1）拆卸、检查补油阀，检查发现补油阀工作正常。

（2）打开放气安全阀顶部视镜，检查发现放气安全阀阀芯顶部出油量过大。缓蚀剂加注泵放气安全阀具有放气阀、安全溢流阀的功能，二阀合一。因此，通过此现象，可以判断该泵故障发生原因为放气安全阀工作不正常。

（3）拆卸并解体该泵放气安全阀，发现放气阀阀芯开启高度间隙过大，导致将液压油从放气阀排气孔排出，使隔膜不能产生足够的压力，从而使加注泵不能正常排液。

（4）测量放气阀阀座与阀芯的轴向间隙，并按照该泵使用手册要求将间隙调整到0.05~0.2mm。

（5）回装放气安全阀后，重新启泵，故障排除，排液正常。

4. 经验教训

（1）在机泵维护保养时，应按照使用手册检查核对相关部件的安装精度。

（2）深入了解每一个零部件的结构原理，在掌握其相关参数标准后，有助于快速、准确地判断设备故障发生原因。

五、安全阀压力设定不合理

1. 故障描述

某日，YB××场站值班人员在启动缓蚀剂加注泵时，发现泵后出口压力升至6MPa后，压力不再上升，无法顺利加注缓蚀剂。值班人员采取排空处理方法，故障未解决，然后关闭泵出口管线阀门，泵后压力升至 6MPa 时，发现缓蚀剂加注泵安全阀起跳。

2. 原因分析

该泵在启泵时，泵后管线能够升压至一定压力，说明该泵电动端、传动端工作正常，泵入口管线没有堵塞。因此，出现该类故障的原因多为安全阀压力设置不合理。缓蚀剂加注泵安全阀主要由阀座、阀芯、球垫、导杆、阀体、锁紧螺母、调节螺母、弹簧座和弹簧等零件组成。阀座的端面孔为承压孔，当系统油压超过阀芯上的弹簧压紧力时，阀芯被顶开，油液将经过阀芯密封面往阀座外圆孔中流出，此时系统压力卸荷，起到保护整个系统的作用。

3. 故障处理

（1）拆卸并检查安全阀，清洗后回装。

（2）向安全阀阀内缓慢加注液压油并盘车排气，完成后逐渐调整调节螺母缓慢调节安全阀溢流压力。

（3）将安全阀溢流压力调整至设计压力后，锁紧螺母。

（4）进行启泵操作，该泵泵后出口管线压力缓慢升高，采用标定柱标定，标定柱液位下降，工作正常。

4. 经验教训

（1）在缓蚀剂加注泵首次启用时，应检查核实安全阀溢流压力设置，防止因安全阀溢流压力设置过低导致泵不能正常排液，以及安全阀溢流压力设置过高导致起不到保护作用。

（2）在缓蚀剂加注泵维护保养时，严禁随意调整安全阀锁紧螺母。

六、补油阀内漏

1. 故障描述

某日，YB×× 场站由于气井提产，需增大缓蚀剂加注量，将加注量由 0.3L/h 调整至 0.45L/h。值班人员查看人机界面的缓蚀剂加注泵流量为 0.3L/h，到现场进行标定柱核对，发现标定流量同样在 0.3L/h 左右。随即，值班人员缓慢转动泵调节手轮，增大缓蚀剂加注量。在值班人员进行调节手轮操作时，发现泵流量不变化，仍保持在 0.3L/h 左右。值班人员在进行隔膜和出口管路排气操作后，加注泵流量仍不能提高到加注要求流量。值班人员立即启动备用泵，停止该泵并现场维修。

2. 原因分析

该泵在小流量时能够正常运行，说明该泵电动端、传动端工作正常。该类故障可从两个方面考虑，即液压油通过部分和介质过流部分，主要原因有：

（1）介质入口管路有堵塞或通道变小导致缓蚀剂供应不足。

（2）入口单向阀密封不严导致液体回流。

（3）补油阀工作不正常。

（4）安全阀密封不严导致液体回流。

（5）调节手轮发生故障。

3. 故障处理

（1）启泵运行，检查发现该泵安全阀密封良好，无回流现象。

（2）检查调节手轮及其各连接件，发现其工作正常。

（3）检查该泵入口过滤器、入口管线等部件，发现管路畅通、无变形。

（4）拆卸泵入口单向阀，检查发现其密封性能完好。

（5）打开补油阀，发现补油阀内置单向阀“O”型密封圈损坏，造成油压从补油阀外径处泄压，导致油压不能完全传递给隔膜，造成机泵达不到预定流量。

（6）对补油阀清洗后更换补油阀“O”型密封圈，回装后进行正常启泵操作。通过调节手轮进行流量调节，发现流量调节恢复正常，能够达到额定流量，满足工况要求。

4. 经验教训

在维护保养过程中，应对隔膜计量泵液压端各密封点进行重点检查，对易损件定期更换。

七、传动箱蜗杆轴承磨损

1. 故障描述

某日，YB××场站值班人员在巡检时发现缓蚀剂加注泵3#泵的传动箱内有异响，通过启动备用泵进行对比，发现该泵传动箱内明显有金属咬合的摩擦声，随即旋开传动箱润滑油标尺，检查发现润滑油发黑，并有金属颗粒，判断是内部零件磨损，立即停泵并现场维修。

2. 原因分析

隔膜计量泵传动机构由曲柄连杆、轴承、行程调节机构、十字头及滑道组成，出现上述现象，主要原因有：

（1）传动箱内曲柄连杆磨损。

（2）轴承损坏或安装配合间隙不当。

3. 故障处理

（1）拆卸解体该泵传动箱，检查发现蜗杆上轴承保持架已生锈损坏。

（2）对损坏轴承进行更换。

（3）清洗传动箱零部件，并按照该泵相关技术要求对连杆大小头瓦、轴承安装配合间隙进行测量。

（4）安装后调试运行30min，观察隔膜泵振动、声音、温度等状态参数和工艺参数正常。

4. 经验教训

（1）在维护保养过程中，应对液压油和齿轮油进行检查和更换。

（2）在处理类似故障时，可使用备用泵现场整体更换，将故障泵整体拆卸回检维修基地进行维修，以降低含硫场所检维修作业的劳动强度。

第三节　污水缓冲罐罐底泵故障

一、轴承组件损坏

1. 故障描述

某日，YB××场站内操值班人员启动污水缓冲罐罐底泵A泵进行排液工作，2min后观察液位远传显示无下降，立即通知外操值班人员现场查看A泵工况。外操值班人员到达现场后，发现A泵出现抽空振动现象，泵体温度异常升高，确认污水缓冲罐罐底泵A泵工况异常，立即通知内操人员进行停泵操作。

2. 原因分析

YB××场站污水缓冲罐罐底泵为磁力驱动泵，主要由变频电机、隔离套、磁力转子等部件组成。导致该泵不排液的主要原因有：

（1）泵前篮式过滤器堵塞导致泵空转干磨。

（2）隔离套磨损穿孔。

（3）变频电机损坏。

（4）磁力转子损坏。

（5）轴承组件损坏。

3. 故障处理

（1）对该泵泵前篮式过滤器打开检查，发现过滤网清洁无堵塞。

（2）对变频电机的输出电流、变频范围等参数进行检查，发现变频电机工作正常。

（3）对该泵进行解体检查，发现外磁力转子上吸附有大量金属铁屑颗粒但无损坏。

（4）拆解该泵轴承组件，发现轴承套损坏变形。对损坏的轴承套进行更换处理，再次启泵调试，该泵异常振动现象消失，排液正常。

4. 经验教训

（1）由于集输管线内存在少量固体杂质，易随气液携带至集输流程末端，堵塞篮式过滤器或造成泵体损坏，因此需定期检查并清洗泵前篮式过滤器。

（2）篮式过滤器过滤性能需进行优化，采取有效措施防止固体杂质等进入泵体造成泵体损坏，如更换过滤网、加装磁力棒等。

（3）加强同类机泵操作管理，启泵时现场应安排人员确认泵的工况，防止泵损坏引发含硫污水外漏事件。

二、隔离套磨损穿孔

1. 故障描述

某日，YB×× 场站外操值班人员在巡检过程中发现污水缓冲罐罐底泵 A 泵泵体发生滴漏，立即通知内操值班人员远程停泵；然后启动 B 泵进行排液，但 B 泵运行时出现泵后压力不稳定、泵体振动及温度异常升高等现象，随即停止 B 泵并现场检修，同时联系污水拉运车辆到场进行污水拉运，保障生产。

2. 原因分析

磁力泵的关键部件磁力传动器由外磁转子、内磁转子及不导磁的隔离套组成。其隔离套是保证磁力泵无泄漏的唯一承压部件，泵体出现滴漏则表明隔离套损坏。隔离套磨损穿孔主要由以下原因造成：

（1）输送介质中有硬质颗粒，在输送过程中与隔离套摩擦造成穿孔。

（2）泵轴承组件损坏后会导致内磁力转子与隔离套相互摩擦而损坏隔离套。

（3）外磁力转子内圆变形或配合间隙不恰当与隔离套相互摩擦而损坏隔离套。

3. 故障处理

结合 A、B 泵运行异常情况来看，可判断泵前篮式过滤器过滤网被沉积物堵塞，造成机泵出现断流、抽空、振动等异常现象且 A 泵隔离套穿孔损坏。进行如下处理：

（1）对泵前篮式过滤器打开检查，发现其过滤网被黏稠物充填满，导致泵不能正常进液；对篮式过滤器内壁及过滤网进行清洗并回装。

（2）拆卸打开 A 泵泵体，发现其外磁力转子内圆鼓包变形、隔离套有明显划痕及裂缝、内磁力转子外表面附着有大量固体颗粒、轴承组件磨损严重。

（3）拆卸打开 B 泵泵体，检查发现其内磁力转子外表面附着有少量固体颗粒，其余部件均无损坏。

（4）对破损的外磁力转子、隔离套及轴承组件进行更换，清理内磁力转子外表面固体颗粒。

（5）按照该泵说明书要求进行回装，并调整好磁力转子与隔离套的配合间隙。

（6）启泵调试，A、B 泵均能正常排液，工作正常。

4. 经验教训

（1）在气田生产初期，由于 YB×× 场站污水缓冲罐篮式过滤器堵塞情况较为突出，因此对篮式过滤器堵塞物进行了化验分析，发现其主要成分为缓蚀剂与柴油。结合该泵篮式过滤器堵塞周期及堵塞物主要成分，总结认为批处理作业使大量黏稠的缓蚀剂与柴油混合物随排液系统进入总站污水缓冲罐，在篮式过滤器处堆积、压实形成堵塞，从而导致罐底泵出现不排液现象。因此，在批处理作业完成后，暂时停用罐底泵排液，采取车辆拉运的方式将污水缓冲罐罐体内的黏稠物清空后，再启用罐底泵排液，可减少该类故障的发生。

（2）应根据堵塞周期，提前对篮式过滤器进行检查、清洗工作。

（3）由于外磁力转子是非过流部件，采用的是不抗硫材料，在隔离套损坏后，长时间接触含硫污水会发生腐蚀导致外磁力转子内圆变形，因此应定期检查隔离套磨损情况，防止隔离套损坏后导致外磁力转子损坏。

第四节 火炬分液罐罐底泵故障

一、火炬分液罐隔膜泵出口安全阀内漏

1. 故障描述

某日，YB×× 场站在火炬分液罐调试时，启动罐底隔膜泵进行排液测试（通过泵送清水至集气总站以测试该站污水系统），在泵运行过程中火炬分液罐液位下降缓慢，检查现场隔膜泵工作状态发现：该泵电机运行声音正常，出入口单向阀工作声音明显，出口压力表有小幅度摆动，判断隔膜泵排液。运行约半小时后，按照该集气站至集气总站污水管线管容及罐底泵排量进行计算，集气总站应见到清水排出，但集气总站外操人员反馈未见清水排出。调试人员随后停止火炬分液罐罐底泵，组织技术人员和操作人员进行原因分析。

2. 原因分析

在火炬分液罐调试过程中，出现以上问题的原因主要有以下几个：

（1）通过再次核算该泵排量和该段污水管线管容，计算得出管线充满清水需要的时间为 25min，计算结果正确。

（2）由于该泵在运行过程中工况正常且火炬分液罐液位有下降，因此罐底泵不排液的因素可以排除。

（3）该段管线刚完成试压工作，试压合格，故排除污水管线泄漏问题。

（4）为防止火炬分液罐在排液过程中造成污水管线超压，在泵出口设置安全阀。安全阀出口与泵入口管线连通，若安全阀关闭不严则泵排出的液体会回流至入口管线。

3. 故障处理

（1）通过计算，隔膜泵的实际运行时间远大于理论管线注满时间（泵的额定流量计算），排除罐底泵不排液。

（2）参考场站和总站的地势落差和设计文件，判断有可能出口管线安全阀起跳泄压。

（3）拆开安全阀出口法兰，起泵后安全阀起跳流出清水。更换校检合格的安全阀，起泵后，压力缓慢上升，一段时间后总站出水。

4. 经验教训

（1）应该严格要求安全阀校检的验收程序，并在拆装和运输安全阀时，应规范，轻拿轻放。

（2）在处理设备故障时，必要时通过参考设计文件并结合现场实际情况，会起到事半功倍的效果。

二、火炬分液罐罐底泵泵头“O”型密封圈失效

1. 故障描述

某日，YB××场站火炬分液罐罐底泵采用的隔膜液压泵，该泵头“O”型密封圈挤压外露，造成介质渗漏，有含硫污水泄漏引起全站关断和污染环境的风险，操作人员立即停泵启用备用泵，并现场维修处理故障泵。

2. 原因分析

此隔膜泵泵盖与隔膜腔使用止口配合安装，中间用“O”型密封圈密封，出现以上问题的原因主要有：

（1）泵头螺栓未紧固到位，隔膜厚度经一次变形后变薄。

（2）安装上泵头的压紧力不够，响应的“O”型密封圈密封的压紧力不够。

（3）在工作状态下带压，密封圈出密封槽，并在压力挤压作用下撕裂，变形失效。

3. 故障处理

（1）直接对“O”型密封圈进行更换，检查隔膜变形严重，更换隔膜后试泵，出现不排液故障。

（2）后续反复进行故障排除，检查安全阀、补油阀、出入口单向阀，最终解体检查液压端，发现柱塞填料磨损，更换柱塞填料后同时更换安全阀，组装试车正常。

（3）由于反复拆卸，隔膜变形导致调整垫安装困难，故对调整垫进行边缘修剪。

4. 经验教训

（1）膜片在更换后受到自动补油速度的限制，所以试泵时需要运行一段时间才正常；试泵时由泵出口压力表排空阀进行排气。

（2）填料压盖应该以手动拧紧为宜，不能用专用扳手强力拧紧，避免填料失去弹性或太紧，过度磨损或烧坏。

（3）隔膜泵在检修时，某些部件拆卸后会失效，如隔膜、“O”型密封圈等导致发生联系故障，检修时应仔细检查，必要时进行更换。

三、隔膜计量泵安全排气阀故障

1. 故障描述

某日，YB××场站火炬分液罐隔膜计量泵A泵不排液，操作人员打开出口压力排污阀排气，出入口单向阀无动作声音，出口压力表指针不动作，储罐液位不下降，问题未解决。

2. 原因分析

出现以上问题的原因主要有：

（1）入口过滤网堵塞，介质黏稠。

（2）液缸内有空气。

（3）出入口单向阀卡住有异物、磨损关闭不严。

（4）柱塞填料泄漏。

（5）补油系统的油污染或密封不严。

（6）安全阀、补油阀磨损有泄漏。

（7）介质中含有气泡。

3. 故障处理

（1）由于 B 泵运行正常，基本排除介质的问题。

（2）拆开安全排气阀，进行注油排气，开泵后仍然不排液。

（3）检查液压油发现液压油颜色变黑，并有填充四氟磨损碎片，判断为填料磨损，更换液压油，试泵不排液后，对柱塞填料进行更换。

（4）更换后，运行 30min，流量逐渐减小至完全不排液。

（5）调整安全排气阀内部结构安装顺序，将阀芯内钢球取出安装在阀座和阀芯密封面之间，不改变其功能，试泵正常。

4. 经验教训

（1）火炬分液罐隔膜计量泵与缓蚀剂泵结构基本相同，故障原因较多，较复杂，但体积大，介质为含硫污水，现场故障处理难度较大，故用排除法，由易到难，进行故障处理。

（2）安全排气阀的内部结构可以根据不同厂家、不同情况调整各部件的安装顺序，不影响其功能。

第五节　分析小屋故障

一、分析小屋数据跳变

1. 故障描述

某日，YB×× 场站值班人员在值班过程中发现分析小屋数据显示跳变，各类气体含量读数不稳定，随时间波动较大。

2. 原因分析

出现以上问题的原因主要有：

（1）分析小屋所使用载气为氩气及氦气，载气瓶工作压力为 40~135bar（1bar=10^5Pa），载气压力过低会导致控制器停止工作，进而导致分析小屋数据波动。

（2）分析小屋本身设备故障。

3. 故障处理

（1）现场检查载气压力，若压力过低，需要及时更换载气瓶，然后重新投用控制器。

（2）分段检查分析小屋调压、加热、射谱、载气、分析等设备装置，发现问题及时处理。

4. 经验教训

载气的作用是将调压、加热、射谱后的样气送入分析装置，属于易耗品，当载气压力不足时会导致无法将样气正常送入。在日常巡检过程中加强对载气瓶压力的检查，若低于40bar（$1bar=10^5Pa$）要及时进行更换，同时保证气瓶有充足备件，以便发生故障时能及时更换。

二、分析小屋数据失真

1. 故障描述

某日，在对 YB×× 场站样品气进行化验分析时，发现色谱分析仪分析出的各类气体含量与前几天取样分析的结果相差较大。

2. 原因分析

出现以上问题的原因主要有：

（1）气样成分突然改变，导致分析结果与实际不符。

（2）载气调压阀关闭，载气处于停用状态。

（3）色谱柱损坏导致无法分析样气。

3. 故障处理

（1）根据连续几天取样分析的结果变化情况，可以排除气样成分突然改变，即分析结果与实际不符。

（2）检查载气投用开关，发现调压阀已打开，载气处于投用状态。

（3）通标气观察色谱仪分析出的数据和实际数据不一致，分析认为由于色谱柱损坏导致无法分析样气。

（4）更换新的色谱柱，并通标气测试，结果符合实际。

4. 经验教训

分析小屋在投用前以及在日常巡检工作中一定要认真、仔细，并就各种数据分析是否正常，若出现数据异常则立即分析原因并处理。

第六节　水套加热炉故障

一、加热炉无法远程控制温控阀

1. 故障描述

某日，YB×× 场站在调产时，需根据产量调节水套加热炉温控阀的开度，在站控室手动调节温控阀开度时发现阀门开度不变化，阀门不动作。

2. 原因分析

出现以上问题的原因主要有：

（1）温控阀故障。

（2）温控阀现场掉电。

（3）温控阀打至就地控制状态。

3. 故障处理

（1）现场检查温控阀电源，配电箱未跳闸。

（2）检查温控阀显示面板，无故障报警。

（3）在供电正常情况下，检查温控阀控制手柄，处于就地状态，将控制手柄打到远程状态，阀门恢复正常。

4. 经验教训

在就地动作温控阀后，操作人员要将其恢复到操作之前的状态，正常情况下应为远程控制状态。日常巡检时加强查看配电箱状态，以及查看温控阀显示状态，若出现报警，立即进行处理。

二、炉燃料气系统故障

1. 故障描述

某日，水套加热炉在温控阀已开到较大开度时，热效率仍很低，加热炉水浴温度上升缓慢或持续下降，从火焰观察孔观察火焰较小。

2. 原因分析

出现以上问题的原因主要有：

（1）燃料气管线有堵塞。

（2）主火燃料气管线电磁阀发生故障，未打开。

（3）主火枪风门开度不合适，导致燃料气与空气混合比不合适。

3. 故障处理

（1）首先用手感触主火燃料气管线电磁阀，若电磁阀得电，其本体温度会高于环境温度，若未得电，则与环境温度相差不大，检查发现电磁阀工作正常。

（2）判断是否是燃料气管线堵塞，确定所有手动阀门均已开启，用橡胶锤轻轻逐节敲击燃料气管线，关小温控阀开度后再开大，让气流对管线冲洗，再将温控阀开到正常运行时的开度，火焰燃烧正常。

（3）排查是否是燃料气与空气混合比不合适，关闭温控阀及加热炉火焰观察孔，缓慢调节主火枪风门，每次调节 1/4 圈，调一次开一次温控阀，观察火焰燃烧情况，直到火焰燃烧正常。

4. 经验教训

水套炉温度下降易造成酸气温度下降，进而导致水合物堵塞关断，引起上游憋压。若发现水套炉温度上升缓慢或者温度持续下降，首先查看阀门开启情况，电磁阀是否起跳，手动阀门是否完全开启，其次判断管线是否有堵塞，再次判断是否是燃料气与空气混合比不合适。

三、加热炉点火故障

1. 故障描述

某日，YB×× 场站准备开井，值班人员进入流程准备启动加热炉，在确认无报警且母火气路通畅后进行点火，发现母火无法点燃。

2. 原因分析

出现以上问题的原因主要有：

（1）加热炉控制系统存在故障，系统无法复位，无法成功点火。

（2）点火电极安装位置不合适，点火操作不能正常引弧。

（3）燃料气和空气混合比不合适。

3. 故障处理

（1）检查加热炉控制系统，无任何故障显示，且系统已复位，但是无法成功点火。

（2）重新安装点火电极，在调整点火电极位置后，进行点火操作发现能正常引弧，但仍无法点燃母火。分析认为燃料气和空气混合比不合适。

（3）打开加热炉炉膛，微调点火枪后的燃料气混合器风门，每次调节风门后进行一次点火，直至点火成功。

4. 经验教训

水套加热炉撬块在每个调试阶段都要经过严格的测试，确认厂家撬块接线无误、点火枪安装位置正确、燃料气与空气混合比合适。

四、加热炉燃烧控制器故障

1. 故障描述

某日，YB×× 场站加热炉停炉，且无法现场复位，导致加热炉无法正常工作。

2. 原因分析

出现以上问题的原因主要有：

（1）加热炉炉体内软化水液位低低报警引起联锁停炉。

（2）燃料气进气压力不足导致火焰熄灭且无法正常点火。

（3）火焰探测器、保险等电路元件损坏，电路接线存在虚接情况。

3. 故障处理

（1）检查加热炉炉体内软化水液位在正常范围内。

（2）检查确认燃料气进气压力在0.6~0.8MPa之间，长明火供气压力稳定在4~7psi之间。

（3）检查火焰探测器和电路接线都正常。

（4）拆除燃烧控制器，发现控制器内针脚式保险损坏，在用备用保险更换损坏的保险后，控制器复位成功，点火成功。

4. 经验教训

场站值班人员应加强加热炉的巡检工作，重点观察各级压力，发现问题尽早处理。

五、加热炉异常熄火故障

1. 故障描述

某日，YB××场站加热炉异常熄火，场站巡检人员立即赶赴现场紧急点火，点火过程中发生回火现象，表现为在打开主火燃气阀门时，加热炉立即熄火。

2. 原因分析

出现以上问题的原因主要有：

（1）主火管线燃气混合室风门调整不合适。

（2）主火管线喷嘴堵塞或者脱落。

（3）加热炉烟道积炭严重，锈蚀或者是烟囱挡板遮挡过多。

3. 故障处理

（1）调整主火管线风门，火焰颜色正常，但依然回火。

（2）拆卸主火管线喷嘴，检查喷嘴正常，表面并无堵塞。

（3）检查烟囱挡板，开度为最大。

（4）在打开挡火板后，检查烟道发现烟囱积炭并且锈蚀严重，烟道均由占其横截面积一半的杂质堵住，确认回火的原因是烟道堵塞，炉腔形成不了负压，导致回火。在清洗烟道后，水套炉点火正常。

4. 经验教训

由于加热炉长时间运行，造成空气过滤网积尘严重，影响空气进气量，从而导致燃料气由于氧气不足而燃烧不充分，未充分换热时多余的热量随烟气从烟囱排出，导致烟囱温度过高和烟气呈黑色。造成烟尘聚集在烟道、烟囱管壁，最终堵塞烟道。

（1）在使用加热炉时，注意燃气流量，避免造成燃气燃烧不充分形成积炭，附着在管壁上。

（2）在集中巡检时，检查烟道是否有积炭，定期清理烟道。

六、加热炉温控阀不能全关

1. 故障描述

某日，YB××场站值班人员在SCADA人机界面中关闭温控阀，控制水套炉水浴温度后，水浴温度仍然持续上升，现场人员确认水套炉温控阀关闭没有到达零位。

2. 原因分析

出现以上问题的原因主要有：

（1）温控阀故障。

（2）温控阀限位器故障。

3. 故障处理

（1）检查温控阀，在站控室动作温控阀，能正常开关温控阀，判断阀门本身无故障，排除阀门本身故障原因。

（2）将温控阀下游手动球阀全关，观察温控阀下游压力表数值，如果发现压力表数值一直上升，可以判断温控阀没有全关。

（3）调整阀门限位器零位，使温控阀处于全关状态。

4. 经验教训

在进行温控阀调试时，应设置合理的力矩及阀门限位，保证阀门能全关。

七、加热炉烟囱冒黑烟

1. 故障描述

某日，YB×× 场站值班人员在巡检过程中发现场站加热炉烟囱冒黑烟。

2. 原因分析

出现以上问题的原因主要有：

（1）主燃料气过量，导致烟气过热，烧黑烟囱。

（2）空气进量不足，使主燃料气燃烧不充分，导致火管和火焰捕捉器积炭严重，造成加热炉火管和水换热效率变差，从而发生烟气温度过高和冒烟，烧黑烟囱。

3. 故障处理

（1）观察主火颜色，如果呈红色或黄色，说明燃烧质量不好。

（2）检查空气过滤网，对积尘进行清理。

（3）调整燃料气流量和空气风门，使主火颜色呈蓝色，此时火焰燃烧充分，质量较好。

4. 经验教训

（1）加热炉长时间运行，造成空气过滤网积尘严重，影响空气进气量，从而导致由于氧气不足，燃料气燃烧不充分，同时由于未充分换热，多余的热量随烟气从烟囱排出，导致烟囱温度过高和烟气呈黑色。

（2）在每次场站检修时，清理空气过滤网、火管和火焰捕捉器，并做换热效率测试。

第七节 火炬系统故障

一、火炬点火故障

1. 故障描述

某日，YB×× 场站火炬在熄灭后不能成功自动点火。

2. 原因分析

出现以上问题的原因主要有：

（1）火炬长明火燃料气供气阀门未打开。

（2）火炬点火电缆、电极损坏。

（3）火炬点火系统接线松动。

3. 故障处理

（1）在确认手 / 自动状态下，高能点火发生器都能打火，明显能听见点火电极发出声音，故判断逻辑程序无问题，点火发生器硬件无故障。

（2）将火炬微正压调大，燃气供给正常，但是火炬依然无法点火，故分析故障为火炬点火电磁阀、长明灯电磁阀不动作。

（3）检查供电回路接线，发现一处接线松动，重新紧固后，电磁阀得电，火炬点火成功。

4. 经验教训

（1）遇大风或雷雨天气，火炬长明灯极易因天气原因熄灭，所以应适当调大微正压，以增大燃料气供给量。

（2）巡检时应落实电磁阀是否得电并记录。

二、火炬火焰状态异常

1. 故障描述

某日，YB×× 场站人员在值班过程中发现视频监控系统中火炬火焰摄像机显示火炬火焰状态异常，火炬头看不到燃烧火焰，判定为火炬熄灭，但同时火炬火焰检测系统未检测到火炬熄灭。

2. 原因分析

出现以上问题的原因主要有：

（1）SCADA 界面火焰着火指示热电偶在 250℃以上判断为着火正常，火焰检测热电偶开路故障。

（2）火炬 PLC 卡件故障。

3. 故障处理

（1）检查热电偶与 PLC 卡件间连接导线是否完好。

（2）接线排线接头是否压接牢固。

（3）火炬热电偶损坏，更换故障热电偶。

（4）PLC 卡件通道故障，则修复通道或更换卡件。

4. 经验教训

元坝气田因为其高含硫特性，火炬是非常重要的安全设备，必须定期检查火炬 PLC 卡件及热电偶工作状态，及时发现故障并及时消除隐患，保证火炬燃烧状态正常和监控的全面性。

三、SCADA 火焰状态与火炬 PLC 火焰状态不一致

1. 故障描述

某日，集中控制中心发现界面上 YB×× 场站火炬燃烧状态为熄灭，通知 YB×× 场站人员，经检查现场 PLC 控制柜，检测到火炬处于着火状态，但集中控制中心系统未接收到火炬着火信号，故障判定为 SCADA 系统和火炬 PLC 状态不一致。同时，元坝其他场站也出现过此类故障。

2. 原因分析

出现以上问题的原因主要有：

（1）火炬 PLC 系统燃烧状态输出继电器故障。

（2）火炬 PLC 状态信号电缆有断点。

（3）火炬 PLC 通信卡故障。

（4）火炬通信信号回路有断点干扰。

3. 故障处理

（1）检查火炬 PLC 着火状态输出继电器和信号状态电缆回路。

（2）修复火焰状态输出继电器和信号状态电缆回路。

（3）检查 PLC 通信卡和通信信号回路，更换或修复 PLC 通信卡和通信信号回路。

（4）查找火炬周围，消除强干扰源。

4. 经验教训

元坝气田因为其高含硫特性，火炬是非常重要的安全设备，需要加强定期巡检保养工作，对火炬 PLC 继电器、信号、通信回路进行排查，并做好防雷接地。

四、火炬异常熄灭且点火故障

1. 故障描述

某日，集中控制中心从视频监控系统中发现 YB×× 场站火炬头看不到火焰，现场确

认火炬熄灭，场站员工现场点火，火炬无法点火，出现点火故障。

2. 原因分析

出现以上问题的原因主要有：

（1）燃料气供应故障。

（2）点火电磁阀不起跳。

（3）点火系统故障。

3. 故障处理

（1）检查燃料气供气压力是否合适，压力过高或过低都通过调压阀进行调整，经排查发现燃料气压力在正常范围内。

（2）点火测试，检查点火电磁阀是否起跳，如果不起跳则检查电池阀阀芯是否有卡顿，经检查发现电磁阀线圈完好，排除点火电磁阀故障原因。

（3）供气正常则检查点火系统，主要包括：检查高压点火包是否完好、点火电缆绝缘是否完好、火花塞是否存在积炭。发现点火电缆损坏、火花塞积炭严重，及时对点火电缆和火花塞进行更换。

4. 经验教训

元坝气田因为其高含硫特性，火炬是非常重要的安全设备，需要加强定期巡检，加强定期检查维护，备齐火炬点火系统备件以应对故障情况。

第八节　地面流程自控阀门故障

一、ESDV 阀异常关闭

1. 故障描述

某日，YB×× 场站值班人员在值班时发现场站内出站 ESDV 阀在正常使用过程中，非人为操作、非逻辑联锁动作而致使阀门关闭。

2. 原因分析

出现以上问题的原因主要有：

（1）控制阀门动作的电磁阀掉电。

（2）推动阀门打开的动力源不足。

3. 故障处理

（1）使用万用表测量电磁阀供电电压是否正常、电源回路电缆是否有短路以及断路情况，检查没发现问题。

（2）检查气源压力，气源回路完好畅通，无堵塞现象。

（3）对仪表风管线进行验漏，最终发现在仪表风管线与两位三通阀连接处漏气，导致仪表阀气压不足，进而导致 ESDV 阀异常关闭。

4. 经验教训

（1）定期检查电磁阀接线盒、电缆穿线管防水情况。

（2）定期检查气源管线完好程度，每次巡检都需对自控阀门的仪表风管线进行验漏，发现漏点及时处理。

二、LV 阀阀位反馈与系统显示不一致

1. 故障描述

某日，YB×× 场站值班人员在巡检过程中发现多相流 LV 阀（液位调节阀）人机界面中显示开度为 50%，现场开度显示为零，LV 阀阀位开度就地显示与 SCADA 系统人机界面不一致。

2. 原因分析

观察液位计读数变化，发现液位不下降，现场听声音、触摸多相流排污管线，没有排液动静。LV 阀处于完全关闭状态，就地显示正确，远传读数有误，分析原因可能是 LV 阀阀位反馈信号线接错。

3. 故障处理

重新校正从 SCADA 系统控制柜到现场中间接线箱、中间接线箱到 LV 阀电动头的控制、反馈线，接线后阀位反馈与人机界面显示一致。

4. 经验教训

场站在中交以后，调试的首要工作就是所有远传仪表及远程控制阀门接线的校线，确保每个点都校验准确。

三、LV 阀无法全关

1. 故障描述

2017 年 2 月，YB×× 场站分水分离器排液后，SCADA 系统向分水分离器 LV 阀发送阀门全关指令，但阀门动作至 15% 时停滞不动。

2. 原因分析

检查 LV 阀（液位调节阀）电动执行机构，该执行机构扭矩设置为出厂扭矩设置默认值 60%，分析认为由于该 LV 阀内部杂质太多，阀门显示“过扭矩”自保护报警，导致阀门无法全关。

3. 故障处理

（1）出于保护阀门目的，首先会通过反复几次全开、全关阀门，看阀门是否阀位达到全关位置，其次将电动头内关阀扭矩设置合适后，阀门全关到位。

（2）结合关井时机，对排液系统进行清洗和吹扫，清除内部杂质。

4. 经验教训

（1）LV 阀在调试动作前，一定要检查阀门开、关力矩的设置，既要保证阀门能全开、全关，也要出于保护阀门的目的，参考设备使用手册，设置合理的力矩大小。

（2）定期对 LV 阀进行维护保养和清洁，保证 LV 阀扭矩设置值在合理范围时全开、全关。

四、LV 阀远程无法动作

1. 故障描述

某日，集中控制中心内操人员在执行 YB×× 场站分水分离器 LV 阀（液位调节阀）远程排液作业时，发现系统中 LV 阀开度无法调整、液位无变换，巡检人员立即赶赴现场确认，在远程控制指令发出后，现场 LV 阀无动作。

2. 原因分析

（1）液位联锁，LV 阀在联动状态下，多相流、分水分离器液位在 350mm 下 LV 阀全关。

（2）LV 阀门过扭矩，阀位动作原件发生故障失效。

（3）LV 阀卡件发生硬件故障，无法接收动作信号。

3. 故障处理

（1）查看分水分离器液位值，判断是否液位联锁。

（2）检查 LV 阀信号表头是否显示故障信息，出现过扭矩故障。在扭矩设置菜单里调整扭矩，原开扭矩为 50，关扭矩为 50，厂家建议开、关扭矩最大量程不能超过 70，现场开扭矩调整至 68，关扭矩调整至 65，确定后重启阀门，或者在开关限位设置里面重新设置开关限位再重启阀门。

（3）进入浏览硬件故障菜单查看各板卡的状态，如若均正常，则断掉 LV 阀电源，重启可消除故障。

（4）若还不能动作，判定为卡件故障，更换卡件。

4. 经验教训

元坝气田多相流、分水分离器、汽提塔配备有利米托克电动执行机构的 LV 阀，用于自动排液。

在调试电动执行机构时，设置好开、关限位和扭矩后，多次动作，确定阀是否能全开或全关。

五、二 / 三级节流阀阀位出现波动

1. 故障描述

某日，在 YB×× 场站调试中，出现了节流阀在给定 50% 开度时，阀位在 48%~51%

之间波动的情况。

2. 原因分析

节流阀在设置时，过分追求精度，追求小范围调节，导致阀位在靠近期望值位置时执行机构无法停止。

3. 故障处理

在节流阀定位菜单中，将死区和滞后量相结合，可影响定位精度，滞后量的值必须大于死区值，调节死区和滞后量的值，死区设置为 1.5%，滞后量设置为 2%。

4. 经验教训

在前期调试节流阀时，不应当过分追求小范围调节，应将死区设置在合适范围内。

第九节　节流阀故障

一、阀笼阀芯碎裂

1. 故障描述

某日，YB×× 场站在酸气联调时二级节流阀流量无法控制，行程开度 10%，已无节流效果，影响酸气联调。

2. 原因分析

现场分析认为，二级节流阀可能在调试期间存在冰堵现象，导致阀笼、阀芯损毁等缺陷。拆卸解体检查，发现二级节流阀阀笼和阀芯碎裂。

3. 故障处理

（1）对该井进行手动放空。

（2）对该井流程进行放空，放空完毕后对管线进行净化天然气吹扫置换。

（3）再找二级节流后就地压力表安装口，注入氮气（氮气量根据管线长度估算），稀释可燃气体并放空。

（4）整体拆卸，整体更换安装备用阀。对故障阀进行解体维修、试压备用。

4. 经验教训

（1）在紧急关断或非正常关断时，停止对二级或三级节流阀远程操作和反复操作，将二级节流阀的操作开关打到就地操作检查。特别是在停井后再开井时，使用就地操作（严禁人工加力操作）开关，判断开关难易程度，若人为操作费力，可判断为阀笼阀芯卡死粘结（异物卡死，单质硫粘结，水合物冻结）。

（2）若有前述故障现象，可进行热水浇淋（针对水合物堵时），若无效则应拆卸检查，更换备用阀，以免影响及时开井。

二、执行机构行程参数设置缺陷

1. 故障描述

某日，YB×× 场站在开井复产时，准备将节流阀开度从 0 调至 50%，发现远程调节节流阀开度无变化，立即赶到现场进行手动调节，在将节流阀控制状态切换至就地后，操作时发现手轮关不动，现场判断节流阀力矩跳断，远程、就地无法动作。

2. 原因分析

根据前期其他节流阀故障处理经验判断，可能的机械故障原因为：

（1）电动执行机构故障。

（2）阀杆与阀杆套卡死。

（3）阀笼与阀芯卡死：工艺原因是污物堵塞，导致在阀门关闭过程中关阀力矩增大并超过设定关阀力矩值，就会发生力矩跳断情况。

3. 故障处理

（1）首先对电动执行机构进行单独拆离并上电检测，发现电动执行机构在脱离阀杆传动装置后开关运行正常；再对阀门进行解体检查，将阀杆和阀芯组件整体抽出，发现阀笼、阀芯无卡死现象，但在拆检阀杆套时发现阀杆套与阀杆之间严重卡死。检修人员将阀杆一端固定，利用专用工具进行加力手动解卡，解卡后将节流阀各部件重新组装、调试，节流阀恢复正常。

（2）通过总结上述故障处理过程发现，节流阀远程、就地无法正常动作的直接原因为：阀杆套与阀杆之间严重卡死；根本原因为：电动执行机构限位参数设置错误，没有对阀位留有余量，直接导致电动执行机构控制模块没有发出停止命令，执行机构持续对阀杆套执行开阀操作，最终导致阀杆套与阀杆被过扭矩拧死，节流阀远程、就地无法进行开关动作。

4. 经验教训

（1）把好每一台现场和备用阀门投产前的调试关卡，设置好电动执行机构限位等各项参数。

（2）井站操作工在操作节流阀时，尽量不要远程对其进行全开或全关操作，在不影响生产的前提下，给阀门操作留下一点余量或直接现场手动全开、全关节流阀。

三、阀笼阀芯粘结

1. 故障描述

某日，YB×× 场站在关井做完批处理后，进行开井复产，但在准备将节流阀开度从 50% 调节至 30% 时，发现阀门远程关不到位，开度达到 35% 时执行机构就停止关阀，站场员工赶到现场进行手动关阀，开度达到 34% 时阀门又出现关不动的现象，现场判断节流阀可能被异物卡住。

2. 原因分析

站场节流阀主要由电动执行机构、阀体、阀杆及阀芯组件等几个重要部分组成。造成节流阀关不到位的主要原因有：

（1）电动执行机构故障。

（2）阀杆与阀杆套间卡死。

（3）阀笼与阀芯间卡死。

（4）阀笼与阀芯粘死，导致阀座被阀杆提出，阀座无法正常复位。

3. 故障处理

首先对电动执行机构进行单独拆离并上电检测，发现电动执行机构在脱离阀杆传动装置后开关运行正常，各项参数也设置正确；再对阀门进行解体检查，在将阀杆和阀芯组件整体抽出后，发现阀杆套与阀杆无卡死现象，但阀笼、阀芯及阀腔内壁存在大量单质硫，将其清洗干净后重新对节流阀进行组装、调试，节流阀恢复正常。

4. 经验教训

（1）当现场节流阀出现上述现象时，可以尝试现场手动活动阀门，看是否能够实现解卡（注意：切记不要用执行机构远程活动阀门，因为执行机构在活动阀门时力矩过大，容易在解卡时对阀笼、阀芯造成损坏）。

（2）当现场节流阀出现上述现象时，如果是关井时间不长或轻微卡阻，也可通入现场井口燃料气，对流程及节流阀进行吹扫，一定程度上也可达到解卡的目的。此外，建议该操作与节流阀检修、更换准备工作同时进行，以免延误生产。

四、阀座与阀芯配合不合理

1. 故障描述

某日，YB×× 场站在复产过程中，节流阀开度在60%左右被卡住，可以进行开阀操作，但远程、就地都无法关阀至60%以下，反复活动阀门多次均无效。

2. 原因分析

可能造成卡死的原因是单质硫堆积堵塞、管线进异物卡死等。解体后分析认为主要是阀门本身制造原因，阀芯与阀座装配过盈量偏小。

3. 故障处理

（1）现场初步排除执行机构设置故障，确定需解体检查。

（2）做好放空、置换吹扫等安全作业的条件，对节流阀整体拆卸，整体更换安装备用阀，对故障阀进行解体维修。

（3）解体发现阀笼和阀芯粘结胶合不能轻松拆除，经过煤油浸泡，从出口敲击阀笼内底面，拆出后发现，阀芯脱离阀座与阀笼粘结在一起，确定故障原因为：阀笼与阀芯间隙过小，再由于介质里的胶状物和单质硫粘合而卡死；阀芯与阀座的过盈量太小，受外力或温度的影响，阀芯脱出，再次关阀时不能复位。

（4）将故障阀门返厂重新进行修理。

4. 经验教训

以后在使用过程中发现类似不节流现象时，操作应按规程处理，慢开慢关，就地操作，认真分析故障现象，不得强行进行大范围开关操作，以免对内部结构和电动头造成二次损伤。

五、节流阀阀杆填料失效

1. 故障描述

某日，YB×× 场站在关井完成更换全流程安全阀后，重新开井导气进流程进行试压验漏，在验漏过程中发现节流阀阀体防尘圈处存在持续外漏现象，立即停止试压并将流程内酸气放空，避免硫化氢泄漏事故。

2. 原因分析

现场直接可以判断此处泄漏原因为阀杆填料密封不严。

3. 故障处理

首先通过现场节流阀故障现象可直接判断出，阀盖连接处和阀体均正常，而阀体与执行机构之间防尘圈处只存在一道密封，即阀杆填料。拆检后，发现阀杆填料组件中个别填料变形严重，且其间隙中存在少量固体杂质。更换填料组件后，重新组装、调试节流阀，恢复正常。

4. 经验教训

（1）在进行开井、关井后，整个流程经历了一次泄压和充压，节流阀内部各密封件也经历了一次放松与胀紧，在最后的开井充压、填料胀紧时，填料及其他密封组件，可能会存在胀紧但密封不严的情况，所以在平时的生产和复产试压验漏时，还应进一步加强阀门的验漏检查。

（2）在平时需进行关井作业前，须提前做好再次出现该类节流阀外漏情况的相关准备工作，以确保在故障出现后的第一时间，抢修工作能够顺利、及时地得以实施。

第十节　高、低压 BDV 阀故障

一、BDV 阀液压油温度影响

1. 故障描述

某日，巡检人员在对 YB×× 场站高压 BDV 阀进行常规巡检时，发现高压 BDV 阀有大幅度压降现象（现场压力为300~350psi）。

2. 原因分析

（1）温差过大，导致BDV阀液压油箱内液压油遇冷收缩，从而压力骤降。

（2）液压控制箱内油路管线出现外漏，导致压力回降。

（3）液压系统阀门及组件出现内漏，导致压力回降。

3. 故障处理

（1）检查控制箱内各处活接头有无漏油现象。

（2）对BDV阀控制柜手动打压泵进行打压，手摇泵能正常打压。

（3）对油路反复打压循环冲洗，打压1000psi后观察30min，无压降现象。

（4）检查控制柜液压油油位及油品质量，观察液压油颜色正常符合使用要求（拆开手动打压泵出口活接并检查液压油颜色），液位符合规程要求。

（5）拆卸油路上各组件，对每个组件进行单独压力实验，确定是否内漏。

4. 经验教训

（1）严把液压油品更换的质量关，杜绝因液压油不合格引起的设备故障。

（2）对该类阀门备品备件应及时进行补充（如手动打压泵、控制柜内电磁阀、快速排压阀、进限位阀前控制阀等）。

（3）加强操作规程的学习，防止由于补压过高再遇热膨胀而造成的设备超压，从而导致的阀门内漏现象的发生，一般地，将压力打到800~1000psi，在夜间环境温度较低时，不低于600psi不需要补压，在中午环境温度高时，补压不能超过1000psi。

（4）每次补压时，对油路反复打压循环冲洗后再补压。

二、BDV快速泄放阀故障

1. 故障描述

某日，YB××场站高压BDV系统压力持续下降，平均每3~5min补压一次。

2. 原因分析

YB××场站BDV增加了自动补压系统，液控柜由打压泵、先导阀、快速泄放阀、高低压溢流阀、调压阀、电磁阀、拉式先导阀及其附属液压管线构成。导致液控柜系统压力稳不住，频繁补压的原因可能是控制回路中的液控元件发生内漏。

3. 故障处理

（1）首先排除BDV触动器和油管路接头外漏现象。

（2）关闭BDV上、下游闸阀及液控柜外屏蔽球阀，再将液压控制柜内油压通过柜外ESD放空球阀和柜内手动放空针型阀泄压，拆除快速泄放阀进口短接，并用大小合适的堵头将短接上游堵死，以此形式将快速泄放阀从液控柜内隔离出来，再启动液控柜打压泵，观察液控柜系统压力，压力持续下降现象消除，说明故障原因在快速泄放阀。

（3）将快速泄放阀拆检后发现，泄放阀内滑阀与泄放阀内腔间存在少量杂质，而杂质直接使得滑阀无法回坐到位，从而引起较严重的内漏现象。将泄放阀各零部件清洗干净后，回装、试运液控柜恢复正常。此外，现场人员在故障 BDV 内采集足量液压油送检，发现油品并未变质，说明油内存在杂质只是偶然现象，油品不用更换可以继续使用。

4. 经验教训

（1）加强 BDV 液压油品取样工作，把控好油品质量关，从而保证 BDV 的正常运行。

（2）在平时的 BDV 检修过程中，各液压管线存在微渗现象，通过适当紧固或更换卡套就能实现消漏，杜绝使用密封胶等对各卡套进行密封，以避免密封胶凝固后产生的固体杂质进入液压油内，影响液控系统的正常运行。

三、BDV 高、低压溢流阀内漏

1. 故障描述

某日，YB×× 场站高压 BDV 系统压力稳不住，持续下降，在下降到 1800psi 后，下降趋势转缓，但还是平均每 1~2h 补压一次。

2. 原因分析

BDV 自动放空系统主要由 BDV 阀阀体和液控柜两大部分组成，其中液控柜又主要由打压泵、先导阀、快速泄放阀、高低压溢流阀、调压阀、电磁阀、拉式先导阀及其附属液压管线构成。导致液控柜系统压力稳不住，频繁补压的主要原因就是柜内个别液控元件发生内漏。

3. 故障处理

根据故障现象，首先检查 BDV 阀阀体是否存在严重外漏现象，以及液控柜内各管线活接渗油情况，确认无异常；然后关闭 BDV 上、下游闸阀及液控柜外屏蔽球阀，再利用上述隔离法排除快速泄放阀内漏导致压降的可能性，确认无异常；再将高、低压溢流阀、柜内放空针型阀、电磁阀放空出口管路逐个拆除，一一检查各阀门出口端是否存在往外漏油现象。在拆除高压溢流阀时，发现该溢流阀出口端存在持续性往外漏油现象，在适当紧固溢流阀顶部压帽后，再重新对液控柜进行补压，压力稳住，BDV 运转恢复正常。

4. 经验教训

（1）溢流阀为液控柜内关键的安全、防护液控元件，非检修人员不得擅自乱动，检修人员要调整溢流阀，也要向相关技术负责人请示。

（2）通过拆检溢流阀，发现其密封形式使得它的密封件相当脆弱，不宜反复进行调节或反复溢流，建议在调整溢流阀时尽量只调紧不要调松，因为调松后容易出现内漏，从而造成频繁补压。

四、高压溢流阀溢流压力调节过高

1. 故障描述

YB×× 场站高压 BDV 在夏季某日中午时，发现其液控柜系统压力随着温度的上升而增高，升高到 3600psi 都还没有溢流。

2. 原因分析

BDV 自动放空系统主要由 BDV 阀阀体和液控柜两大部分组成，其中液控柜又主要由打压泵、先导阀、快速泄放阀、高低压溢流阀、调压阀、电磁阀、拉式先导阀及其附属液压管线构成，导致液控柜系统压力持续上升的原因只有一个，即高压溢流阀拧得过紧。

3. 故障处理

根据故障现象，现场检修需要开关 BDV 阀门一次，首先关闭 BDV 上、下游闸阀，再利用现场液控柜外 ESD 放空球阀对 BDV 进行泄压，BDV 起跳，阀体油缸内温度较高的液压油回流进油箱进行中和后，然后再重新打压，液控柜压力恢复正常。

4. 经验教训

就因该故障拆检的溢流阀里面的密封件使用情况来看，基本上这些密封件均已使用到中后期或已被溢流阀阀芯挤压、变形到弹性极限，试图通过拧松溢流阀压帽来调低溢流压力，基本上都会存在一定程度的内漏，所以建议每次站场操作工在夏季下午巡检时，进行一次上述的现场操作，以确保 BDV 液控柜内各液控元件长期保证在额定工作压力内运行。

五、BDV 电动打压泵出口单向阀内漏

1. 故障描述

YB×× 场站高压 BDV 持续补压，每次当压力打起来以后，压力又迅速泄掉且附带电机快速反转现象，压力泄尽后，系统又自动补压。

2. 原因分析

BDV 自动放空系统主要由 BDV 阀阀体和液控柜两大部分组成，其中液控柜又主要由打压泵、先导阀、快速泄放阀、高低压溢流阀、调压阀、电磁阀、拉式先导阀及其附属液压管线构成，导致液控柜系统压力稳不住，频繁补压的主要原因就是 BDV 控制柜内个别液控元件发生内漏。

3. 故障处理

由系统快速泄压且附带电机快速反转现象判断，流体必经过齿轮泵，齿轮泵出口有单向阀，显然单向阀失效。拆检后发现该单向阀内“O”型密封圈已被强液流冲离限位槽，阀球就正好顶在“O”型圈的一侧，从而导致密封不严，快速泄压。更换新的“O”型圈

并安装好以后，BDV 运行恢复正常。

4. 经验教训

（1）不能过于频繁地对 BDV 进行泄压和打压操作（比如说连续 3~5 次），以避免对液控元件内各密封件造成冲击或移位。

（2）发现该类故障，应立即将 BDV 控制状态打至停止，以避免因反复补压，对液控系统其他元件造成损坏。

六、柜内电磁阀内漏

1. 故障描述

某日，YB××场站在进行三级关断测试后，BDV 液控柜内电机持续补压（电机不停），但压力始终打不起来。

2. 原因分析

BDV 自动放空系统主要由 BDV 阀阀体和液控柜两大部分组成，其中液控柜又主要由打压泵、先导阀、快速泄放阀、高低压溢流阀、调压阀、电磁阀、拉式先导阀及其附属液压管线构成。导致液控柜系统压力稳不住，频繁补压的主要原因就是柜内某个液控元件发生内漏。

3. 故障处理

根据故障现象判断，故障应为液控元件严重内漏引起。该类持续补压现象原因很明显，应从液控系统内各放空阀门中进行查找。首先，检查液控柜外 ESD 球阀和柜内手动放空针型阀的开关状态，确认无异常；再检查 BDV 电磁阀是否有温度（一般冬天电磁阀温度较高，用手感觉基本上能够长时间接触，而夏季温度很高，用手感觉根本无法长时间接触），即检查电磁阀是否在工作。通过检查发现现场电磁阀没有温度，则说明电磁阀没有通电工作，经确认，是三级关断测试完成后，中控室还没有来得及对该站三级关断报警进行远程复位。复位后，BDV 运行恢复正常。

4. 经验教训

在进行 BDV 调试前，应通知清楚各专业调试人员并把条件确认到位，以免造成不必要的调试问题和工作量，甚至引发生产事故。

七、BDV 放空针型阀内漏

1. 故障描述

某日，YB××场站高压 BDV 系统压力稳不住，持续下降，平均每 1~2h 补压一次。

2. 原因分析

BDV 自动放空系统主要由 BDV 阀阀体和液控柜两大部分组成，其中液控柜又主要由打压泵、先导阀、快速泄放阀、高低压溢流阀、调压阀、电磁阀、拉式先导阀及其附属液压管线构成。导致液控柜系统压力稳不住，频繁补压的主要原因就是柜内某个液控元件发生内漏。

3. 故障处理

根据故障现象，首先检查 BDV 阀阀体是否存在严重外漏现象，以及液控柜内各管线活接渗油情况，确认无异常；然后关闭 BDV 上、下游闸阀及液控柜外屏蔽球阀，再利用上述隔离法排除快速泄放阀内漏导致压降的可能性，确认无异常；再将高、低压溢流阀、柜内放空针型阀、电磁阀放空出口管路逐个拆除，一一检查各阀门出口端是否存在往外漏油现象。在拆除液控柜内手动放空针型阀时，发现该针型阀出口端存在持续性往外漏油现象，适当拧紧针型阀手柄后，再重新对液控柜进行补压，压力稳住，BDV 运行恢复正常。

4. 经验教训

在平时进行 BDV 阀泄压操作完成后，对于部分阀门只是进行了操作，但未进行彻底确认，阀门开关还未到位就进行下一步操作，针对这种情况应该进一步地了解和掌握所使用或维护的设备。

八、BDV 闸板卡堵

1. 故障描述

2016 年 1 月，YB×× 场站在更换低压 BDV 阀液压油时，先把低压 BDV 阀上、下游闸阀关闭，屏蔽放空流程，再开始液压系统泄压，当压力降至零时，低压 BDV 阀仍未起跳（未带上屏蔽螺帽）。

2. 原因分析

（1）工作原理：BDV 为紧急放空阀，阀门在初始状态时，执行机构弹簧推动阀杆带动闸板保持阀腔为“开”；在正常运行状态时，通过液压系统推动阀杆连同闸板下降保持阀腔为“关”，同时弹簧压缩，工作时通过降低液压让弹簧本身的弹性使阀门回到初始状态，阀腔打开。

（2）从工作原理来看，闸板未打开的因素只能有以下几点：①闸板与阀杆脱落导致闸板未运动；②屏蔽螺帽锁死导致阀杆无法向上运动；③阀杆机械性卡堵导致无法正常上、下运动；④弹簧与阀杆连接点脱落或断裂导致弹簧推力无法带动阀杆运动；⑤弹簧失效或故障无法正常运行；⑥闸板卡堵且达到或超过弹簧推力以致弹簧无法推动阀杆。

3. 故障处理

前两次用手动泵对液压系统升压后再泄压，仍未起跳；第三次升压后用胶锤轻轻敲打 BDV 阀体同时泄压，还是未起跳；第四次升压后带上屏蔽螺帽，全开全关活动 BDV 阀上游平板闸阀两次，之后取下屏蔽螺帽再次泄压，压力降至约 200psi 时 BDV

阀起跳。

本次作业过程在第四次泄压时阀门能够起跳，换油完成后试运行时也能正常起跳，因此完全可以排除第②~⑤点原因，恢复流程在打开 BDV 下游平板闸阀时也能听到气流声，证明 BDV 起跳时阀腔打开流程气压能够平衡到 BDV 下游，也能排除第①点，由此可见，前三次未起跳的原因只能是第⑥点。

进行正常的泄油、油路冲洗、更换新油，完成后升压再泄压，压力降至约 260psi 时低压 BDV 阀能够首次起跳。之后将液压系统压力恢复至 1500psi，恢复流程打开 BDV 上、下游闸阀（开启下游闸阀时能听到气流声）。

4. 经验教训

（1）高、低压 BDV 阀为紧急放空阀，是设备管道系统的泄压安全保护装置；在正常运行状态时，系统压力超过阀门预设值时阀门紧急打开泄放掉流程压力，对设备及管道进行有效保护；若系统压力达到预设值时阀门未打开，而系统压力持续上升，当压力超过管道、容器耐压强度时，会发生容器和设备破裂甚至爆炸的严重后果。因此，作为高含硫高压气田生产运行的关键设备，BDV 阀必须保证起跳率 100%。

（2）定期对 BDV 阀进行保养测试，并要求操作人员定期对 BDV 阀进行开关测试。

九、BDV 阀位反馈状态丢失

1. 故障描述

某日，YB×× 场站在全站检修过程中，测试时发现将低压 BDV 阀就地全开，SCADA 系统中远传显示状态为无状态。

2. 原因分析

（1）该场站的高、低压 BDV 阀采用的是磁感应接近开关，全开时接近开关接触不到位，开状态丢失。

（2）关状态开关被磁化，关状态丢失。

3. 故障处理

（1）在阀位远传状态丢失时，首先测量开、关回讯线的通断，如果开、关回讯线均为断开，调整开接近开关位置，让其靠近磁感应铁块，如果开、关回讯线均为导通状态，则是开关回讯状态均有，导致远传显示状态为白，则调整关接近开关，开关状态恢复正常。

（2）若开关状态仍然没有显示，则对阀位开关进行更换。

4. 经验教训

（1）采用磁感应接近开关的方式进行阀位反馈，随着使用时间的加长，极易发生位移，从而造成反馈不准确的问题。

（2）在生产过程中，要定期对高、低压 BDV 阀进行测试，检查阀位反馈是否正确。

第十一节 污水综合处理系统故障

一、污水站药剂加注系统故障

1. 故障描述

某日，在 YB×× 污水处理站气田水处理药剂正常投加作业过程中，启动除硫剂加药泵后，在连接的药剂加注管线末端无液体药剂进入综合池。

2. 原因分析

导致污水处理站加药装置不能正常进药的主要原因可能包括以下几个方面：

（1）加药流程进、出口阀门未正常开启。

（2）加药计量泵内部漏电烧毁或其他故障导致电机不能正常运行。

（3）过滤器或管线堵塞导致药剂无法正常通过。

3. 故障处理

（1）检查药剂加药流程进口及出口阀门开启状态，排除阀门开关状态原因。

（2）检查加药计量泵无内部漏电现象且电机无烧毁，加药泵正常运行排除电机故障。

（3）拆除除硫剂加药罐至加药泵管段，发现底部“Y”型过滤器被药剂封袋线堵塞，导致药剂无法正常流通。

（4）拆除“Y”型过滤器，对过滤器内堵塞杂物进行清除并对过滤器进行清洗，完成后回装起泵，加药系统恢复正常运行。

4. 经验教训

（1）在污水站加药系统日常运行过程中，需加强对加药操作的严格管理，严禁在药剂未完成溶解时进行药剂投加，严禁将非药剂杂物投入药剂溶解罐，防止管线堵塞。

（2）在药剂投加前，加强对流程阀门确认工作。

二、污水站空间除硫尾气显示超标

1. 故障描述

某日，YB×× 污水处理站值班人员在进行空间除硫系统巡检时，发现放空管线硫化氢探头显示数值超过允许排放标准浓度。

2. 原因分析

导致污水处理站空间除硫装置尾气显示超标的主要原因可能包括以下几个方面：

（1）空间除硫装置碱液中和箱内液位过低。

（2）空间除硫装置碱液中和箱内碱液浓度过低。

（3）尾气检测硫化氢探头故障。

3. 故障处理

（1）值班人员首先对空间除硫设备及流程阀门检查，确认整套系统运转正常。

（2）对空间除硫碱液箱液位及碱液浓度进行检查，确认满足运行需求，排除中和碱液液位和碱液浓度问题。

（3）对空间除硫尾气放空管线硫化氢探头进行检查，发现该探头归零有误，对该硫化氢探头进行重新标定，仍然无法正常归零。

（4）立即拆除原有硫化氢探头，安装新硫化氢探头并组织现场检定，同时将原有探头送检维修。

4. 经验教训

（1）污水处理尾气在空间除硫过程中，应定期对碱液中和箱内碱液液位、碱液浓度进行检测，及时补充或更换碱液，确保除硫后尾气达到排放指标。

（2）设备人员定期对站内各类仪表进行检查、维护，确保仪表准确、有效，尽量避免因仪表设备问题影响正常生产。

三、污水站综合池硫化氢泄漏报警

1. 故障描述

某日，YB×× 污水处理站值班人员在巡检至综合池撬块时，发现综合池撬块硫化氢探头报警。

2. 原因分析

导致综合池硫化氢探头报警的主要原因可能为：

（1）综合池集气罩老化后出现密封问题，导致气体外漏。

（2）硫化氢探头故障，导致误报。

3. 故障处理

（1）值班人员立即检查综合池风机运行状态，确认风机运行正常，避免综合池内硫化氢气体进一步聚集。

（2）检查报警硫化氢探头运行状态，确认该探头无故障无误报现象。

（3）沿综合池四周进行全面验漏，发现综合池集气罩挡板已经发生形变，密封失效导致集气罩内气体渗漏。

（4）通过使用快速堵漏剂对形变部位产生的缝隙进行封堵，完成后验漏无漏点。同时，编制集气罩维修方案并提请审查，组织对老化开裂集气罩挡板进行彻底更换。

4. 经验教训

定期对污水站生产设备进行维护保养，根据设备运行时间及老化程度，提前制定检维修或更换方案并严格落实，确保场站设备处于安全运行状态。

四、污水站过滤装置出水水质超标

1. 故障描述

某日，YB×× 污水处理站值班人员在将综合池水向缓冲罐 A 过滤并进行到 30min 时，对过滤器后端出水进行取样，分析化验发现滤水水质悬浮物超标，不满足缓冲罐进水要求。

2. 原因分析

导致污水站过滤后出水水质超标的主要原因可能为：

（1）药剂（PAC 及 PAM）加入量不足或综合池内混凝沉降不充分，致使出水悬浮物超标。

（2）过滤装置内部污染，进而导致滤水二次污染，悬浮物超标。

3. 故障处理

（1）值班人员立即停止过滤操作，通过过滤提升泵压力表考克引流口、过滤器进口、过滤后出口取样进行对比分析，发现过滤提升泵压力表考克引流口与过滤器进口取样水质无变化，且水质清澈，但是过滤后出口取样水质明显变浑浊，判断为过滤器内部污染，立即进行过滤器反冲洗作业。

（2）将过滤装置内存水及缓冲罐 A 水排至综合池，使用缓冲罐 B 合格水对过滤器进行反冲洗作业，待冲洗出水水质无明显杂质后，停止反冲洗；进而利用处理合格水对缓冲罐 A 进行冲砂。过滤装置反冲洗及缓冲罐 A 冲砂结束后，恢复过滤流程，检测出水水质合格。

4. 经验教训

过滤装置处理综合池混凝分离后的上层澄清液是去除悬浮物及油的重要工艺，滤后水将通过回注工艺进入地层。需加强过滤期间的取样及巡检工作，避免因水质不合格造成回注井压力升高甚至引发环保问题。

在日常运行中，应定时对过滤装置进行反洗，在运行一定时间后，及时更换滤料，确保过滤装置运行效果。

五、污水站缓冲罐水质超标

1. 故障描述

某日，YB×× 污水处理站在对缓冲罐 A 水质取样化验过程中，发现缓冲罐 A 水质不满足回注标准。

2. 原因分析

导致污水站缓冲罐水质超标的主要原因可能为：

（1）在前端处理工艺中，药剂（PAC 及 PAM）加入量不足或综合池内混凝沉降不充分，致使出水悬浮物含量偏高。

（2）过滤装置内部污染，进而导致滤水二次污染，悬浮物含量偏高。

（3）缓冲罐底部有杂质污垢堆积，造成滤水进入缓冲罐后二次污染，水质不达标。

3. 故障处理

（1）停止缓冲罐 A 向外输水，并立即查取当日综合池出水、过滤器出水化验数据报告，并二次取样化验，确认当日综合池出水以及过滤装置滤水水质均满足指标，判断为缓冲罐底部有杂质污垢沉淀堆积，造成前端处理合格水进入缓冲罐 A 后二次污染，水质不达标。

（2）将缓冲罐 A 水排至污水池，同时使用处理合格水对缓冲罐进行冲砂作业，冲砂作业过程中连续在缓冲罐 A 排污管线中进行取样，直至排污口出水与处理合格水水质一致后停止冲砂，恢复正常生产流程。

4. 经验教训

污水化验室必须对污水处理过程中的每个过程进行化验检测，化验数据及时存档，以便数据查询发现问题。缓冲罐内储存的是污水站处理合格水，该部分水将直接进入回注系统进行地层回注，污水站运行过程中必须加强对缓冲罐的定期冲砂排污工作，确保缓冲罐内部无杂质、异物堆积，以免造成水质的二次污染。

六、污水站压滤污泥含水率超标

1. 故障描述

某日，YB×× 污水处理站在污泥压滤过程中，发现出泥口压滤后的污泥较稀松，经取样化验后的污泥样品含水率过高，不满足设计出泥含水率要求。

2. 原因分析

导致污水处理站污泥压滤含水率超标的主要原因可能包括以下几个方面：

（1）污泥压滤加入絮凝剂（PAM）等药剂的浓度或投加比例未达到压滤需求。

（2）絮凝搅拌机运行故障，不能让絮凝污泥产生适宜大小的污泥矾花。

（3）污泥叠螺压滤机滤缝堵塞，导致滤液不能正常排出。

（4）污泥池污泥板结，导致泥水混合不均匀，原泥含水过高。

3. 故障处理

（1）立即停止污泥压滤作业，对污泥压滤药剂箱进行检查，确认药剂浓度及投加比例满足压滤需求。

（2）对絮凝搅拌机及叠螺压滤机进行检查，确认搅拌机运转正常且叠螺压滤机滤缝无堵塞现象。

（3）在污泥提升泵压力表考克处取样，发现抽取的含泥水污泥含量较低，主要为污泥池上清液，判断为污泥池底部污泥板结，泥水未充分混合均匀导致压滤后含水率超标。

（4）立即开启污泥池内刮泥机及曝气装置，同时将前 4 格综合池内新泥抽提至污泥池内，增加池内污泥含量及比例，混合均匀后再次压滤，含水率恢复正常。

4. 经验教训

污泥压滤后含水率过高，将直接导致污泥量大幅度增加，极大增加污水处理成本。作为污水站的重要工作之一，掌握污泥压滤工艺流程及安全操作知识，能够有效指导生产过程中的问题排查及处理。同时，污水处理站应对生产污泥及时加药压滤，防止池内污泥堆积后板结。

七、污水站压泥房排污堵塞

1. 故障描述

某日，YB×× 污水处理站污泥压滤人员在进行污泥压滤操作时，发现压泥房压泥机排污堵塞，压泥机底部接泥槽无法正常将残余污泥与水排空，导致压泥机无法正常工作。

2. 原因分析

导致污泥房排污堵塞的主要原因包括以下两个方面：

（1）污泥压滤液出口收集槽处残余污泥堆积，进而引起堵塞。

（2）压滤液返排管线堵塞。

3. 故障处理

（1）立即停止污泥压滤操作，检查污泥压滤液收集槽出口处污泥堆积情况，发现压滤液积液严重而无污泥堆积。

（2）使用工具对压滤液出口管道进行疏通，压滤液仍不能正常排空，排除污泥压滤液出口收集槽堵塞的可能性，判断为压滤液返排管堵塞。

（3）采用清水管进行冲洗，同时对排污管线进行有效晃动，无堵塞无好转。

（4）进一步拆除压滤液返排回流管道，盲断上游管线连接法兰，利用氮气进行吹扫，再用清水进行冲洗，解堵成功。若氮气吹扫加清水冲洗仍不能疏通，应采用清水车加压进行冲洗。

4. 经验教训

在进行污泥压滤操作时，应尽量控制返排管线压滤液及残余污泥回流量，并定期对接泥槽中污泥进行多次、少量地冲洗，将污泥冲入排污管。此外，建议对排污管道进行改造，增加冲砂口，便于利用氮气吹扫、清水冲洗的方式解堵。

八、污水站加药间 PAM 加注系统故障

1. 故障描述

某日，YB×× 污水处理站操作人员在投加絮凝剂（PAM）过程中，发现离心泵出口管线无药剂排出。

2. 原因分析

导致污水处理站加药装置不能正常进药的主要原因可能包括以下几个方面：

（1）加药流程进、出口阀门未正常开启。

（2）加药离心泵内部漏点烧毁或其他故障导致电机不能正常运行。

（3）管线堵塞导致药剂无法正常通过。

（4）絮凝剂（PAM）配药浓度过高，导致药剂呈糊状无法泵出。

3. 故障处理

（1）检查药剂加药流程进口及出口阀门正确开启，排除阀门开关状态原因。

（2）对离心泵运行情况进行检查，确认离心泵运转正常，排除泵机故障原因。

（3）拆除离心泵出口管线，检查管线无堵塞情况。

（4）检查药剂罐内絮凝剂（PAM）配制浓度，发现药剂浓度过高，呈现高黏度黏糊状，造成出口无药剂排出。

（5）向药剂罐内加注一定量的清水，并开启药剂罐搅拌机，对药剂进行稀释，待药剂浓度降低后，起泵再次加药恢复正常。

4. 经验教训

絮凝剂（PAM）在配制浓度过大时，不易溶解且黏度较高，使用临时离心泵加药时，应尽量避免高浓度加注。

九、污水站 6# 综合池污泥提升系统频繁故障

1. 故障描述

某日，YB×× 污水处理站在进行污泥提升作业时，发现 6# 综合池内污泥提升泵无法正常提升，通过对提升泵管线进口进行冲洗处理后，短时间内再次出现无法正常提升污泥的现象。

2. 原因分析

导致污水处理站综合池内污泥无法实现正常提升的主要原因可能包括以下几个方面：

（1）提升泵管线堵塞导致污泥不能正常提升。

（2）污泥浓度过高导致污泥提升泵无法正常抽吸。

（3）污泥提升螺杆泵定子磨损导致无法正常抽吸。

3. 故障处理

（1）拆卸提升泵管线进口，对其再次进行冲洗，确保其通畅。

（2）对污泥提升螺杆泵泵体进行拆卸，检查发现螺杆泵定子磨损严重，而污泥池内污泥浓度较高，无法抽取高浓度污泥，致使螺杆泵空转磨损定子。

（3）组织设备人员对磨损螺杆泵定子进行更换。

（4）开启刮泥机及曝气系统，并向 6# 综合池内导入一定量的水以稀释 6# 综合池内高浓度污泥，故障处理完毕后，恢复正常生产流程，6# 综合池污泥正常提升。

4. 经验教训

进入 6[#] 综合池内的污泥，应及时进行提升压泥，避免污泥在长时间重力分异作用下浓缩甚至发生板结，进而造成污泥提升泵损坏。同时，可考虑在综合池出口增设备用提升泵，避免单泵单管在发生故障时影响正常生产。

十、污水站固体碱加药泵机械密封损坏

1. 故障描述

某日，YB×× 污水处理站操作人员在启动固体碱加药泵时，发现泵体机械密封损坏，介质外漏。

2. 原因分析

导致污水处理站固体碱加药泵机械密封损坏的主要原因可能包括以下几个方面：

（1）启泵前未对泵内加注引水进行排气处理，导致泵机干磨损坏机械密封。

（2）罐内碱液抽干后未及时停泵，导致泵机干磨损坏机械密封。

（3）泵机机械密封老化出现损坏。

3. 故障处理

（1）首先明确在本次碱液配置前，碱液罐内残余药剂未被抽干，排除加药过程中泵机磨损致使机械密封损坏。

（2）确认本次药剂加注起泵前，已经在泵内加注了引水，排除本次起泵导致泵机干磨机械密封损坏。

（3）拆卸机械密封圈，发现密封圈老化变形严重，致使本次起泵后机械密封失效。

（4）立即更换机械密封圈，并确认碱液罐内液位满足加注最低液位后，向泵内加注引水进行排气，起泵后确认罐内液位正常下降，机械密封位置无外漏。

4. 经验教训

（1）启动加注泵前，应保证罐内药剂液位达到正常加注要求，并通过加注引水的方式对泵进行排气处理。

（2）操作人员应每隔一段时间对罐内液位进行观测，在碱液罐内液位较低时及时停泵。

（3）应加强设备维护保养，及时处理或更换损毁设备。

十一、回注站高架注水罐水质超标

1. 故障描述

某日，YB×× 回注站在日常取样化验过程中，发现污水回注站高架罐内水质超标，悬浮物含量为 22mg/L（指标≤ 15mg/L），不满足回注要求。

2. 原因分析

导致回注站高架水罐水质超标的主要原因可能包括以下几个方面：

（1）污水站缓冲罐出水水质超标。

（2）污水站至回注站输水管线污染。

（3）污水站至回注站污水拉运车辆内涂层老化，造成水质污染。

3. 故障处理

（1）回注站紧急停回注水泵，并立即将高架水罐内余水全部排入回注污水池内。

（2）由于该回注井采用密闭车拉的方式进行输水，因此排除污水站至回注站输水管线污染原因。

（3）对两个污水站四架缓冲罐出水水质进行检测，悬浮物和粒径中值分别为：8mg/L+1.34μm、6mg/L+1.12μm、11mg/L+1.57μm、10mg/L+1.63μm，且其他各项指标均满足回注要求，排除处理水水质不合格原因。

（4）对回注水拉运车辆进行全面检查，发现一辆容积为26m^3的水车水箱内涂层严重老化变黑，同时伴随涂层脱落，其脱落涂层性状与不合格回注水样品中黑色悬浮物一致。

（5）立即停止该车回注水拉运作业，并协调其他拉运车辆补位。

（6）对所有回注水拉运车辆水箱内涂层进行全面检查，对内涂层老化脱落的车辆，重新做水箱防腐内涂层。一周后，该车水箱内涂层整改完毕，进行拉运回注水试验，各项指标均无问题。

4. 经验教训

（1）污水回注站回注水水质为重要的运行指标，在日常管理中需加强水质监控，定期对拉水车辆进行检查，防止因车辆不干净或污水站处理不达标导致回注水质不合格现象。

（2）回注站值班人员在加强水质观察的同时需做好高架罐的定期冲砂工作，确保回注水水质达标。

十二、回注站注水波动且采气树异常振动

1. 故障描述

某日，YB××回注站注水泵泵压降低、排量变小，且在注水过程中井口采气树振动剧烈，致使注水工作一度处于停滞状态。

2. 原因分析

导致回注站注水受阻并伴有采气树异常振动的主要原因可能包括以下两个方面：

（1）注水管道内部有空气进入形成气锁，由于空气的可压缩性远高于液体介质，致使注水压力波动。

（2）注水泵柱塞填料受损，导致注水排量波动较大，采气树振动。

3. 故障处理

（1）立即停止回注作业，检查井口注水压力为26.3MPa，在控制范围内。

（2）关闭采气树4#阀门，导通采气树非生产翼阀门，对管线内的气体进行排空，排

空完成后再次起泵，情况依然未得到改善，排除了管线内进入空气形成气锁的原因。

（3）对泵进行拆卸，检查注水泵柱塞，发现柱塞内填料损坏。通过更换柱塞杆填料后，拧紧柱塞连接模块，再次起泵，注水恢复正常且采气树无振动。

4. 经验教训

移动注水泵作为回注站重点设备，需加强对其巡检，对易损件按照运行模式进行定期更换，保障注水工作能顺利开展。

第十二节　取样分析化验故障

一、气相取样箱无法取样

1. 故障描述

某日，YB×× 采气场站在通过取样箱对三级节流后原料气取样时，发现取样流程几乎无气体排出，减压后压力达不到取样要求压力（1~2MPa），取样工作无法完成。

2. 原因分析

取样装置主要由过滤器、减压阀、截止阀、连接管线组成。导致取不出样的原因主要包括：

（1）取样装置流程启闭状态错误。

（2）过滤器堵塞。

（3）减压阀损坏。

3. 故障处理

（1）首先检查取样流程，流程检查确认正确无误，且发现减压阀前压力和流程压力一致，排除流程阀门启闭错误及过滤器堵塞原因。

（2）由于通过减压阀减压后基本无压力，确定为取样管线减压阀故障。

（3）拆卸并更换减压阀后重新取样，减压后压力可正常控制在 1~2MPa。

4. 经验教训

（1）取样时首先检查装置流程，防止流程倒换不正确而导致样品取不出来。

（2）取样装置面板上减压阀比较精密，要轻开轻关。

（3）减压阀不能作为截止阀用，根据压力调节到一定开度后不宜经常开关。

二、气相取样钢瓶漏气

1. 故障描述

某日，取样人员在完成 YB×× 集气站取样后，将气体取样钢瓶送至化验室，化验分析人员在化验分析时发现钢瓶内气体压力有所降低，判断钢瓶有漏失。

2. 原因分析

取样钢瓶主要由钢瓶本体、进出口针型阀组成，导致取样钢瓶泄漏的主要原因有：

（1）钢瓶进出口针型阀未关闭到位，导致气体漏失。

（2）钢瓶进出口针型阀损坏。

（3）针型阀丝扣连接处密封不严。

3. 故障处理

（1）化验分析人员首先利用验漏液对针型阀丝扣连接部位进行验漏，无气泡产生无渗漏现象，排除丝扣连接原因。

（2）将取样钢瓶针型阀浸入水中，发现有间断气泡产生，证明针型阀存在漏气情况，以适当力度再次拧紧针型阀处理无效后，更换针型阀重新对钢瓶进行试压，取样钢瓶密封良好。

4. 经验教训

（1）取样钢瓶要轻拿轻放，在取样路途中要将取样钢瓶进行固定，防止钢瓶及针型阀碰撞造成漏失或针型阀损坏。

（2）阀门在已经保证良好密封性的情况下，不宜拧得过紧。

（3）取样钢瓶要经常进行验漏，发现问题立即解决。

三、液相取样装置取不出水样

1. 故障描述

某日，对 YB×× 采气场站多相流排污管线进行液相取样，打开取样双关球阀后管线无压力，亦无液体流出，无法完成液相取样。

2. 原因分析

液相取样装置取样面板主要由连接管线、“Y”型过滤器、减压阀、控制球阀以及压力表组成，通常情况下取不出液样的原因主要有以下几个方面：

（1）取样球阀未开启，流程未连通。

（2）“Y”型过滤器堵塞。

（3）减压阀损坏。

3. 故障处理

（1）首先检查阀门开关状态，确认流程球阀、双关球阀为开启状态。

（2）检查取样面板过滤器后压力表显示为“0”且压力表完好，判断为“Y”型过滤器堵塞。

（3）拆卸“Y”型过滤器并进行清洗，重新安装后取样正常。

4. 经验教训

（1）由于液相装置内主要是产出液，产出液里含有产出水且携带的杂质容易堵塞过滤器，导致取样失败。

（2）当取样装置出现问题时，要认真进行分析，不用盲目进行流程的切换，以免发生意外。

（3）过滤器应该定期清洗，确保取样工作顺利进行。

四、化验室送排风系统运行噪声大

1. 故障描述

某日，化验室送排风系统在运行过程中，出现振动过大，且发出异响的情况。经现场查看后发现电机、叶轮发生异常响动。

2. 原因分析

集输系统化验送排风系统由电机、风机、送风管道、电路系统、风量控制系统及控制软件系统组成。造成送排风系统发生异常响动的原因主要包括以下几个方面：

（1）电机轴承或者叶轮轴承磨损。

（2）电机缺少黄油保养而干磨。

（3）固定螺丝松动。

（4）电机皮带磨损老化。

3. 故障处理

（1）立即对送排风风机进行停机。

（2）检查电机和风机固定情况，没有发现螺丝松动现象，排除固定螺丝松动原因。

（3）检查电机轴承和叶轮轴承磨损轴情况，发现外观完整且保养润滑良好，排除电机轴承和叶轮轴承磨损原因。

（4）检查传动皮带，发现电机皮带老化松动，对皮带进行更换后开机，异常响动基本消失。

4. 经验教训

（1）按照操作规程定期对电机轴承、叶轮轴承进行检查和保养。

（2）定期进行巡回检查，及时更换老化或磨损配件，保证设备正常运行。

五、化验室排风机无法起压

1. 故障描述

某日，化验室排风机在运行过程中，排风系统风压无法正常上涨，但风机系统显示运行正常。

2. 原因分析

排风系统由电机、排风机、风量控制系统等组成，导致排风系统风压无法上涨的原因主要包括以下几个方面：

（1）带动风机的皮带断裂。

（2）排风系统排风阀未打开。

（3）排风系统叶轮轴承损坏。

3. 故障处理

（1）首先对排风系统叶轮轴承进行检查，叶轮轴承外观完整且保养润滑良好，排除叶轮轴承损坏原因。

（2）然后检查排风阀开关状态，排风阀开度为 45% 正常。

（3）最后对风机传动皮带进行检查，发现电机皮带明显老化，启动风机后观察发现皮带存在打滑现象。

（4）更换皮带后，重启排风系统，风压恢复正常。

4. 经验教训

（1）按照操作规程定期对叶轮轴承进行检查和保养。

（2）定期进行巡回检查，及时更换老化或损坏设备，以保证正常运行。

六、成品水样浊度测量超量程

1. 故障描述

某日，分析员在对成品水样浊度进行检测时，发现水质外观无色透明，但检测的结果超过最大量程 10NTU。

2. 原因分析

造成成品水样浊度超出量程的原因主要包括两个方面：

（1）成品水样水质不达标。

（2）浊度检测设备容器有杂质或污垢未清理干净，引起测量误差。

3. 故障处理

（1）首先查看盛装水样的玻璃瓶，玻璃瓶透明无污垢。

（2）检查比色皿内盛装的水样，比色皿内无气泡存在，但显示的数值仍超量程。

（3）进一步排查发现比色皿外壁悬挂有小水珠。

（4）用擦镜纸将比色皿外壁水珠擦拭干净后进行检测，发现检测结果为 0.54NTU，显示结果正常。

4. 经验教训

在分析化验工作中，取样前先检查玻璃瓶是否干净，样品分析完成后依次用洗涤剂、自来水、纯水清洗玻璃瓶，并将玻璃瓶烘干。比色前养成用擦镜纸擦拭比色皿外壁的好习惯，确保比色皿外壁不挂水珠。

七、分光光度计透射率无法调满量程

1. 故障描述

某日，分析员在对污水缓冲罐水样进行总铁测定，用实验室二级水进行空白调零时，透射率调不到 100%。

2. 原因分析

分光光度计透射率调不到 100% 的原因主要包括以下几个方面：

（1）光源灯未正常聚焦。

（2）比色皿上存在杂物遮挡。

（3）参比溶液未正确选取。

3. 故障处理

（1）分析员打开红外分光光度计盖查看光源灯聚焦位置，确认其正常聚焦在狭缝上，排除光源原因。

（2）查看比色皿清洁度，确认比色皿及架子上无任何可疑遮挡物影响视域，排除杂物污垢遮挡原因。

（3）分析员再次检查水样，发现本次水样有颜色，因此立即对空白样加入 1mL 200g/L 过硫酸铵溶液脱色，100g/L 盐酸羟胺溶液（显色剂）的量由 1mL 变为 2mL，重新对空白调零，透射率达到 100%。

4. 经验教训

（1）光源聚焦位置及遮挡物对透射率调零产生直接视域影响，在进行调零前应仔细检查。

（2）参比溶液的选择至关重要：①若试液及显色剂均无色，则用蒸馏水作参比溶液；②若显色剂为无色，被测试液中存在其他有色离子，则用不加显色剂的被测试液作参比溶液；③若显色剂有颜色，可选择不加试样溶液的试剂空白作参比溶液；④若显色剂和试样均有颜色，可将一份试样溶液加入适当掩蔽剂，将被测组分掩蔽起来，使之不再与显色剂发生作用。

八、电子天平读数跳变

1. 故障描述

某日，分析员在称量盐酸羟胺药剂时，发现电子天平读数跳变，呈现读数不稳定趋势。

2. 原因分析

导致电子天平读数不稳定或持续跳变的原因主要包括以下几个方面：

（1）称量环境存在振动源，致使称量数据跳变。

（2）流动空气干扰托盘，致使称量数据跳变。

（3）天平盘与天平架之间存在异物，托盘放置不稳定，晃动致使数据跳变。

3. 故障处理

（1）立即对天平室环境进行检查，温湿计显示室内温度 21℃，湿度在 69%，无阳光直射，周围无施工动静，地板无振动，天平室整洁干净，排除环境的不稳定原因。

（2）对电子天平进行检查，天平外观完好无形变，进一步检查发现称重盘与天平架之间有异物粘于托盘底部，立即用天平刷将异物清理干净，再将天平重新校准一遍后称量，读数恢复稳定。

4. 经验教训

（1）使用天平称量时，环境条件必须满足以下几点：①远离振动源；②避免阳光直射，因为阳光直射会导致电子天平严重变形，出现精度不准确的情况；③工作室内温度应该恒定，正常情况下 20℃为天平最佳使用温度，湿度在 45%~75%；④电子天平使用和摆放的工作室应清洁干净，避免气流对电子天平产生影响；⑤安装天平场所中无腐蚀性气体，远离高能热源及高强电磁场。

（2）每次称量完毕后，将称量盘与天平架之间的异物用天平刷清理干净。

九、pH 计面板无显示

1. 故障描述

某日，分析化验人员在操作 pH 计时，发现 pH 计显示异常，无法进行正常的测量和读数，于是对 pH 计进行检查，经检查判断，发现电极正常，于是进行维修。

2. 原因分析

pH 计由电极、显示屏、探头及辅助配件组成，出现造成无法进行正常测量和读数现象的原因主要有以下几个方面：

（1）输入阻抗变低或者前置放大器 AD515 性能变差。

（2）失调电压过大或 5G14433、W7 损坏。

（3）数显部分各电路 5G14433、5G14511、5G1413 中有损坏或电路部分接触不良（AD515 为集成运算放大器；5G14433 为本机的 A/D 转换器；5G14511、5G1413 为数显电路组成部分）。

3. 故障处理

（1）首先检查电极插孔和 AD515，电极插孔和 AD515 正常；然后检查调整电路和 5G14433、W7，电路和 5G14433、W7 正常，排除电路和 5G14433、W7 故障原因。

（2）检查集成电路，发现电路存在接触不良现象，于是对接触不良部分进行整改，pH 计故障排除。

4. 经验教训

（1）电极长期使用后，如发现斜率略有降低，则可把电极下端浸泡在 4%HF（氢氟酸）中 3~5s，用蒸馏水洗净，然后在 0.1mol/L 盐酸溶液中浸泡，使之复新。

（2）取下电极保护套后，应避免电极的敏感玻璃泡与硬物接触，因为任何破损或擦毛都使电极失效。

（3）需定期清洁电极插孔或更换 AD515。

（4）定期进行检查，及时更换相应的配件。

十、精密恒温培养箱故障

1. 故障描述

某日，在操作精密恒温培养箱时，发现培养箱电源指示灯不亮，无电源显示，且开机后培养箱不工作，温度不上升。

2. 原因分析

精密恒温培养箱由电源、电路控制和温度控制等部分组成，造成故障的原因主要有以下几个方面：

（1）电源插座无电或插头松动。

（2）培养箱保险丝断。

（3）定时位置错误。

（4）控温仪损坏（无输出）。

（5）双向可控硅不导通。

（6）加热管接线脱落或短路。

3. 故障处理

（1）首先检查电源插座和插头，电源插座、插头等供电元件正常无松动，排除电源故障原因。

（2）检查培养箱电路保险丝，无烧毁或异常发热迹象，排除电路保险丝故障原因。

（3）检查定时位置正确，控温仪正常，双向可控硅正常，排除控制部分原因。

（4）对加热部分进行检查，发现加热管接线异常断开。

（5）重新连接加热管线路，开机后工作正常。

4. 经验教训

（1）对仪器设备应当按照操作规程定期进行维护保养。

（2）仪器设备应使用独立的电源插座，并确认插头、插座接地良好。

（3）温控仪工作参数一旦设置完成，不能随意调节。

（4）设备仪器摆放平稳，不能随意搬动或碰撞。

（5）加热过程要平稳，不能加热升温过快。

十一、金相显微镜呈像不清晰

1. 故障描述

某日，操作人员对腐蚀挂片进行分析观察，打开金相显微镜电源，调整好显微镜进行观察，发现显微镜视域内黑暗，图像不清晰。

2. 原因分析

金相显微镜由电源、显微镜、光源等部分组成，造成图像不清晰、显微镜视域内黑暗的原因可能包括以下几个方面：

（1）电源无电。

（2）调焦机构出现自流和载物台松动或倾斜。

（3）显微镜光源不发光或亮度不够。

3. 故障处理

（1）首先对电源进行检查，发现供电正常。

（2）检查调焦机构载物台，发现没有调焦机构自流和载物台松动或倾斜现象。

（3）拆卸显微镜光源部分对光源进行检查，发现光源灯损坏。

（4）更换新光源灯后回装光源部分，显微镜视域显示回复正常。

4. 经验教训

（1）非专业人员不要调整照明系统（灯丝位置灯），以免影响成像质量。

（2）非专业人员不要尝试擦物镜及其他光学部件，目镜可以用脱脂棉签蘸取 1:1（无水酒精 : 乙醚）混合液体甩干后擦拭，不要用其他液体，以免损伤目镜。

（3）亮度调整切忌忽大忽小，也不要过亮，以免影响灯泡的使用寿命，同时也避免损伤视力。

十二、离子色谱仪分析结果稳定性差

1. 故障描述

某日，在利用离子色谱仪对样品进行化验分析时，发现样品分析数据结果测量稳定性和重复性差。

2. 原因分析

离子色谱仪主要由储液器、泵、进样器、色谱柱、检测器、记录仪等几个部分组成，造成离子色谱仪在检测过程中出现的稳定性和重复性变差的原因主要有以下几个方面：

（1）分析人员操作误差。

（2）系统工作压力不平稳。

（3）高纯水品质不良。

（4）分离柱分离能力变差。

3. 故障处理

（1）在确认分析化验人员操作严格按照操作规程进行后，首先对高纯水水质进行检查，高纯水品质无问题，排除高纯水不合格造成的数据不稳定。

（2）从流路开始检测，流路检测器、MSM 再生处理器工作正常。

（3）对分离柱后的高纯水品质进行检测，发现分离柱分离能力下降，在对分离柱进行再生处理不成功的条件下，对分离柱进行更换，重新开机进行分析，仪器恢复正常。

4. 经验教训

（1）当样品较脏时，容易引起流路系统的堵塞，影响流路系统正常工作，因此样品一定要在去除固体微粒后才能进样分析，对有颜色的较脏的样品要提前做好预处理。

（2）每天在关机前要用淋洗脱液冲洗分析柱 30min 或将检测器以与正常流动方向相反的方向进行冲洗。

十三、硫化氢分析仪故障

1. 故障描述

某日，操作人员通过硫化氢分析仪对硫化氢进行分析读数时，出现硫化氢分析读数不稳定现象。

2. 原因分析

引起硫化氢分析仪在分析过程中出现硫化氢分析读数不稳定的原因主要有：

（1）触发滑片不固定。

（2）感应器基座故障。

（3）取样调节系统中残留液体堵塞喷射器。

3. 故障处理

（1）逐项检查硫化氢分析仪触发滑片，所有触发滑片正常固定于取样腔的套子中。

（2）检查感应器基座，感应器基座后的绿色 LED 信号灯正常，排除以上两项故障。

（3）检查喷射器，发现喷射器堵塞残留液体污垢，对喷射器进行清洁处理，开机后硫化氢分析仪恢复正常。

4. 经验教训

（1）在维护过程中应定期排查各连接部位是否有松动或泄漏。

（2）在进行分析操作前，检查取样调节系统液体是否饱和，及时清洗更换过滤器并确保流量计和试样室管线没有液体残留，没有污染。

十四、润滑油机械杂质测定仪故障

1. 故障描述

某日，操作人员准备进行润滑油机械杂质化验分析，在打开润滑油机械杂质测定仪后，控温漏斗温度不上升。在通过简单排查电源、保险故障后认为仪器发生故障。

2. 原因分析

润滑油机械杂质分析仪主要由电源、保险丝、加热器等部分组成，导致控温漏斗温度不上升的原因有：

（1）加热器损坏。

（2）温控漏斗损坏。

3. 故障处理

（1）首先对润滑油机械杂质分析仪加热器进行检查，加热器能够正常加热，排除加热器损坏的原因。

（2）检查控温漏斗，分析认为控温漏斗损坏，不能进行温度控制。

（3）通过更换控温漏斗，重新开机后恢复正常。

4. 经验教训

（1）经常检查仪器的电子和机械部分是否正常。

（2）控温漏斗上面的玻璃漏斗，因其传热缓慢，玻璃漏斗上的实际温度与所设定温度可能有所不同并有过冲现象，使用时应进行修正。

（3）控温仪出厂时已设定好专用的 PID 工作程序，用户不应自行随意调整。

十五、润滑油开口闪点测定样品重复性差

1. 故障描述

某日，操作人员利用润滑油开口闪点测定仪测定润滑油闪点，在检测分析过程中，发现分析结果误差偏大，重复性较差。

2. 原因分析

润滑油开口闪点测定仪由电源、供气、加热、点火和软件系统组成，仪器能够正常开展分析但出现结果重复性差的原因可能主要为系统设定值出现漂移问题。

3. 故障处理

在确认分析化验人员操作严格按照操作规程进行后，开机检查仪器，并重新对显示温度进行校准，再次正常测试润滑油开口闪点，测定仪恢复正常。

4. 经验教训

（1）分析化验操作应严格遵照操作规程进行，避免产生人为测量误差。

（2）定期进行检查，及时发现并解决仪器设备故障。

十六、润滑油开口闪点测定仪点火嘴无法点火

1. 故障描述

某日，操作人员利用润滑油开口闪点测定仪测定润滑油闪点，在检测分析过程中，出

现点火嘴无法点火的问题。

2. 原因分析

润滑油开口闪点测定仪点火系统主要由供气、点火线圈等部分组成，能够导致润滑油开口闪点测定仪点火嘴无法点火的原因主要有：

（1）供气管线堵塞。

（2）点火线圈损坏，不能正常工作。

3. 故障处理

（1）在确认电源指示灯正常，电源供电无问题排除电源故障原因后，首先对仪器的供气系统进行检查，发现气源供气压力正常，管线点火口气体正常，排除供气系统部分故障原因。

（2）开机检查点火装置，发现点火电阻丝不能够正常加热，进一步检查后发现电阻丝已经熔断，重新更换点火电阻丝后测定仪点火恢复正常。

4. 经验教训

（1）严格按照操作规程进行操作，避免因不规范操作造成设备、元件损坏。

（2）定期对设备进行检查，及时发现并维修更换损坏设备及元件。

十七、全自动微量水分测定仪数字显示错误

1. 故障描述

某日，操作人员利用全自动微量水分测定仪测定润滑油微量水，开机后显示器显示开路，测量数字直接显示最大量程值，重新开机后问题没有解决，关机进行维修。

2. 原因分析

全自动微量水分测定仪显示器由液晶板、驱动板、电源板、高压板、按键控制板等组成，造成显示器显示开路的原因主要有：

（1）插头、插座以及电极引线接触不良，引起显示器显示开路。

（2）阴、阳电极铂金丝的焊接点松动，引起显示器显示开路。

3. 故障处理

（1）检查全自动微量水分测定仪的电路，确定工作正常。

（2）检查阴、阳电极铂金丝的焊接点焊接情况，发现阴、阳电极铂金丝的焊接点因松动出现开路，导致电极回路不通。

（3）对松动焊接点进行补焊紧固后，重新开机显示器工作恢复正常。

4. 经验教训

（1）操作人员应严格按照操作规程进行操作和维护保养。

（2）当仪器出现问题时，应当及时关机并进行维修。

（3）拆卸阴极室时，因为铂金丝和铂金网是从阴极室磨口连接部分的横截面上伸

出，所以应注意不要碰到电解池的顶端和孔壁。

十八、全自动微量水分测定仪不计数

1. 故障描述

某日，操作人员利用全自动微量水分测定仪测定润滑油水分，开机后数字显示器不计数，且无电解曲线显示。

2. 原因分析

全自动微量水分测定仪显示器由液晶板、驱动板、电源板、高压板、按键控制板等组成，造成显示器不计数的原因主要有：

（1）测量插头或插座是否短路。

（2）测量电极两球端搭接，内部形成短路。

（3）测量电极发生渗漏。

3. 故障处理

（1）首先检查全自动微量水分测定仪显示器电源，供电电压正常，排除电源故障原因。

（2）检查电极两球端搭接情况，确认电极两球未异常搭接形成回路发生短路。

（3）检查并测量电极，发现电极存在渗漏，更换电极后开机正常。

4. 经验教训

（1）严格按照操作规程进行操作和维护保养。

（2）当仪器出现问题时，应当及时关机并进行维修。

（3）当测量电极放入或取出时，应停止搅拌，并注意不要使其碰到电解池的孔壁上。

十九、超纯水机无法制水

1. 故障描述

某日，操作人员进行化验分析试剂配制，打开超纯水机后发现超纯水机不制水，在确认电源无误的情况下，关机进行维修。

2. 原因分析

超纯水机由电源、进排水和制水等部分组成，导致超纯水机不工作的原因主要有：

（1）压力桶进水球阀未打开。

（2）由于制水量较大，预处理、RO 膜使用时间过长，发生堵塞。

（3）出水电磁阀损坏。

3. 故障处理

（1）首先检查压力桶进水球阀，球阀处于正常开启状态，没有问题。

（2）检查出水电磁阀，出水电磁阀开启正常，排除两个控制阀原因。

（3）检查预处理、RO 膜，发现有堵塞，于是对水管线和预处理、RO 膜进行清洗更换后，超纯水机恢复正常制水。

4. 经验教训

（1）严格按照操作规程操作，定期对超纯水机进行维护保养。

（2）根据制水量大小，定期进行水管线清洗和更换预处理、RO 膜。

第十三节 其他设备故障

一、水套加热炉燃料气管线频繁泄漏

1. 故障描述

元坝试采 YB××场站水套加热炉在调试和投产期存在燃料气管线螺纹连接处渗漏，反复处理后，不能彻底解决泄漏问题。

2. 原因分析

管材选用不合理：原配管线采用两种 *DN*25 薄壁无缝不锈钢钢管，一种是外径为 ϕ33.7 薄壁无缝不锈钢钢管，另一种是外径为 ϕ32.2 薄壁无缝不锈钢钢管（两种管材壁厚均为 2.0mm，采用的 *PN*1.6MPa 标准），而标准 1in 钢管是 $\phi 33.7\times3.5$。原配管材外径小造成钢管加工成的螺纹与管件连接间隙大，易松动，密封性能差；管壁薄造成螺纹加工精度差、加工后螺纹深度不达标，钢管与管件紧固后螺纹咬合不紧，易在螺纹连接处发生泄漏；管壁薄使钢管的强度小，紧固后易产生形变，造成螺纹连接密封性能差，易泄漏。

水套加热炉燃料气进气管线所有连接都是螺纹密封连接，若有一个点泄漏，处理泄漏会拆卸许多螺纹连接点，若一连接处未处理到位，后面的连接又都要拆开，因管壁薄形变增加，密封效果更差，若反反复复拆开，则泄漏概率增大。

3. 故障处理

在考虑到不改变工艺流程和设备维保方便的前提下，对所有加热炉燃气管线进行更换，并将部分螺纹连接口改为焊接形式，彻底解决泄漏问题。

4. 经验教训

及时发现设计和制造缺陷，并提出和整改。

二、井口分酸分离器阀套式排污阀盘根失效

1. 故障描述

某日，YB××场站值班人员在对分酸分离器排液至酸液缓冲罐时（排液走排污旁通），发现排污旁通阀套式排污阀盘根处有污水泄漏现象，极易引发关断风险。

2. 原因分析

现场查看情况后，初步判断为盘根密封不严造成的外漏，并立即对其盘根压盖进行紧

固，紧固后发现盘根处仍然有污水溢出，最终判定为盘根密封件已损坏。

3. 故障处理

（1）对全站进行泄压放空、吹扫置换后，在线更换该阀套式排污阀盘根。

（2）更换回装后，恢复试压，不再外漏。

4. 经验教训

（1）至少有 1 台该型号的阀门和易损件的储备，保证能够随时更换或维修，降低含硫场所维修的工作强度。

（2）阀门盘根在已经保证良好密封性能的情况下，不宜拧得过紧。

（3）场站内各类阀门应严格按照阀门注脂保养规定，定期对其进行注脂保养。

三、截止阀阀芯密封圈变形失效

1. 故障描述

某日，YB×× 场站收球筒放空管线截止阀阀门内漏，阀门下游在 24h 内升压 0.2MPa。

2. 原因分析

主要由以下原因造成：

（1）施工或清洗管道不彻底，导致管道内杂物损坏阀门密封面。

（2）阀门本身质量问题。

3. 故障处理

更换备用阀门，并对拆下的阀门进行维修。

4. 经验教训

（1）及时补充备品备件，按照全气田该类阀门总数，按比例准备备品备件。

（2）定期活动节流截止放空阀。

四、手动执行机构球阀故障

1. 故障描述

某日，YB×× 场站分酸分离器排污管线手动球阀执行机构卡死，有异常声响，并开关不能到极限位置，使此阀不能正常开关使用。

2. 原因分析

一般球阀手动执行机构结构简单，由蜗杆和扇形齿轮组成，有较大的传动比，传动平稳并不需要其他任何辅助机构即可获得传动的自锁性。一般出现故障，进行以下分析：

（1）执行机构轴承润滑不良或进水，导致轴承锈蚀损坏。

（2）轴承安装不正确，使用过程间隙过大，轴承使用寿命缩短。

（3）阀门在使用中出现卡涩，扭矩加大，轴承单向轴向承载力加大，导致轴承磨损。

3. 故障处理

（1）解体并检查执行机构各部件，蜗轮蜗杆、轴承及限位螺栓是否安装正确。

（2）检查轴承，发现轴承保持架损毁失效，更换轴承。

（3）检查各润滑部位，使各润滑点有充分润滑，并对轴承和蜗轮蜗杆部位做好内部防水。

（4）执行机构处理正常后，对球阀反复活动几次，以消除球阀内部密封球面上的污垢对阀开关及密封的影响。

4. 经验教训

（1）根据阀门的工艺特点，在情况允许时，适时活动球阀，检查阀门开关是否灵活。

（2）加强巡检和常规保养，做到除锈、防腐、活动、除尘、验漏全面保养。

（3）加强操作规程的学习，防止球阀半开闭和节流使用，只能全开或全关，操作前应检查阀的开关位置，执行机构各部件是否完好灵敏，流程切换程序是否正确。

（4）做好易损件物资的储备。

第三章　防腐系统常见故障判断与处理

本章主要对电阻探针、腐蚀挂片、电指纹（FSM）、超声波（UT）等腐蚀监测系统和阴极保护、批处理等防腐系统存在的故障以及处理措施进行详细的描述，为油气田相似故障的判断与处理提供借鉴。

第一节　电阻探针系统故障

一、电阻探针（ER）无数据上传

1. 故障描述

某日，YB××–2 场站内 4 套电阻探针全部无数据上传至站控室服务器。

2. 原因分析

主要由以下原因造成：

（1）服务器与现场临时数据存储器的通信系统 FIU LOOP 冗余死机。

（2）服务器中 FIU Mapper 文件损坏。

（3）服务器机柜工控机与现场探针临时数据存储器 Log 箱无法建立通信。

（4）现场临时数据存储器 Log 箱电池电量不足。

（5）现场通信板和测量板检测完好，但电阻探针与现场临时数据存储器 Log 箱之间无法建立通信。

3. 故障处理

针对上述原因，采取了如下措施予以解决：

（1）关闭腐蚀监测系统电阻探针系统电源，间隔 3~5s 后通电，重启 FIU 通信机。

（2）将备份的 FIU Mapper 文件重新粘贴存储到服务器文件夹中，重启服务器。

（3）对之前的数据文件进行备份，重新下载安装腐蚀监测系统程序后组态（图 3–1），对服务器工控机与现场 Log 箱之间进行通信测试。

（4）检查测量现场 Log 箱电池的电量，由于连续读取大量数据，容易造成现场存储器瞬间电压低，间隔 24h 后，在服务器 Fieldwatch Admin Tool 中重新组态，修改读取时间间隔，并强制读取一组数据，若数据正常上传则说明现场 Log 箱电量充满。

（5）更换电阻探针和现场临时数据存储器 Log 箱的电缆。现场 Log 箱和探针相隔 6m 左右，为地下穿管埋地。连接电缆为本安型电缆，但不带铠，在施工过程中，埋地部分用镀锌管穿管保护，地面镀锌管以上为裸露电缆，施工导致电缆破损，时间久后引起断路故障。更换连接电缆后，测试通信并强制读取一组数据进行验证。

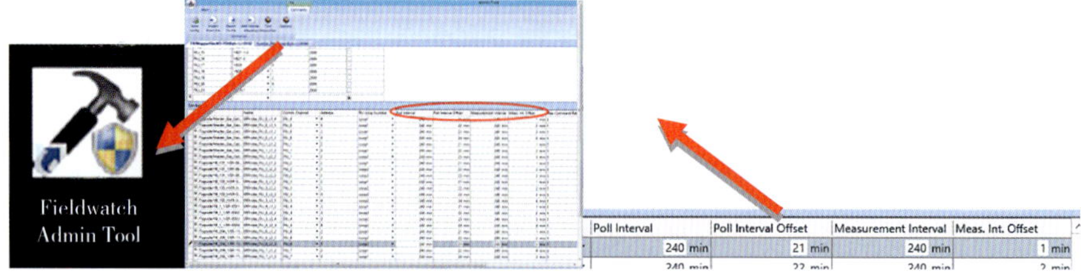

图 3-1　服务器中重新组态

4. 经验教训

（1）由于现场数据量较多，容易造成通信系统崩溃，故不宜过于频繁读取数据，数据读取时间间隔宜大于或等于 6h，可在系统中设置。

（2）对于容易损坏的程序文件应做好备份。

（3）定期对腐蚀监测系统进行巡检，巡检时应对所有的通信系统进行测试，确保数据通道处于正常运行状态。

（4）当设备出现故障时，不宜频繁强制读取数据，易造成现场临时数据存储器 Log 箱电池电量耗尽，使数据无法正常上传。

（5）在安装或更换电缆时，应按要求不带铠的电缆埋地时必须要穿管，以保障电缆使用寿命。

二、全面检修后电阻探针（ER）金属损失异常

1. 故障描述

某日，将 YB××–1H 关井之后进行为期 40d 的检修作业，检修作业期间将 YB××–1H 站内 3 套探针取出清洗检查后重新安装，随后发现加热炉处电阻探针 ER–××01 数据异常上涨（图 3–2），多相流气相出口处电阻探针 ER–××02 数据缓慢上涨（图 3–3），外输管线电阻探针 ER–××03 出现剧烈波动（图 3–4）。

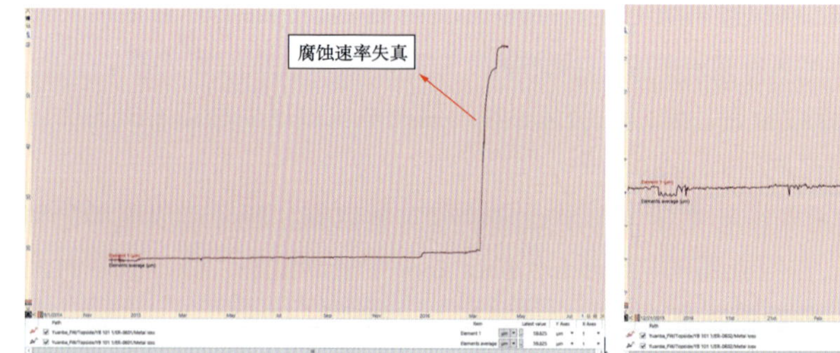

图 3–2　YB××–1H 加热炉进口处电阻探针 ER–××01 腐蚀监测数据曲线

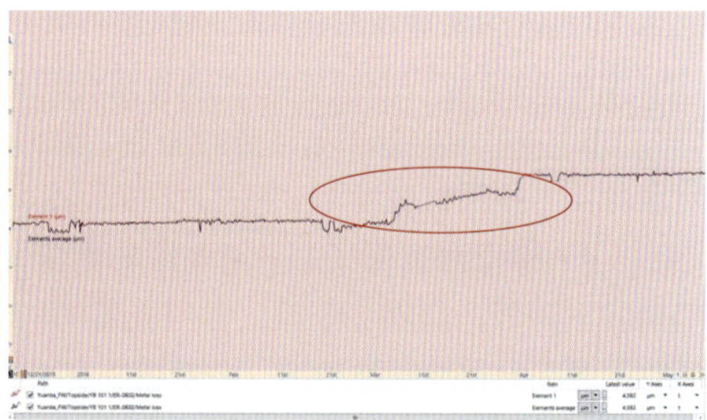

图 3–3　YB××–1H 多相流气相出口处电阻探针 ER–××02 腐蚀监测数据曲线

2. 原因分析

主要由以下原因造成：

（1）探头表面的附着物、腐蚀产物等被清洗后，监测到的电阻元件电阻值发生变化，从而导致通过软件计算得到的电阻元件厚度发生变化，造成数据突变（图 3–5）。

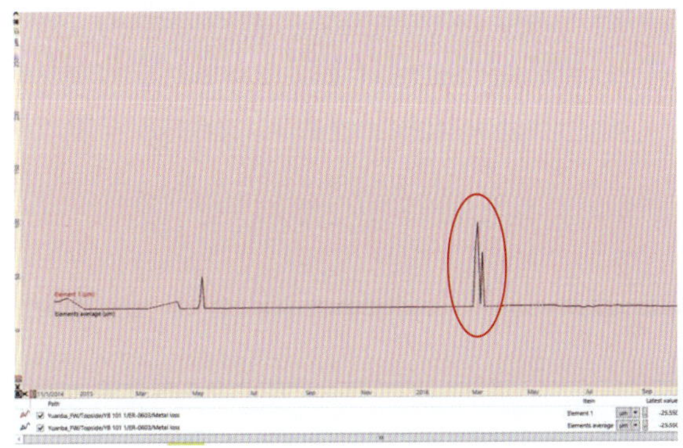

图 3–4　YB××–1H 外输管线处电阻探针 ER–××03 腐蚀监测数据曲线

图 3–5　YB××–1H 外输管线处电阻探针 ER–××03 探头表面附着有硫化亚铁、单质硫等

（2）清洗后的电阻元件在管道中需重新形成腐蚀产物膜建立动态腐蚀平衡。

3. 故障处理

针对上述原因，重新对该探针腐蚀数据做参考基准，剔除失真腐蚀数据（图 3–6）。

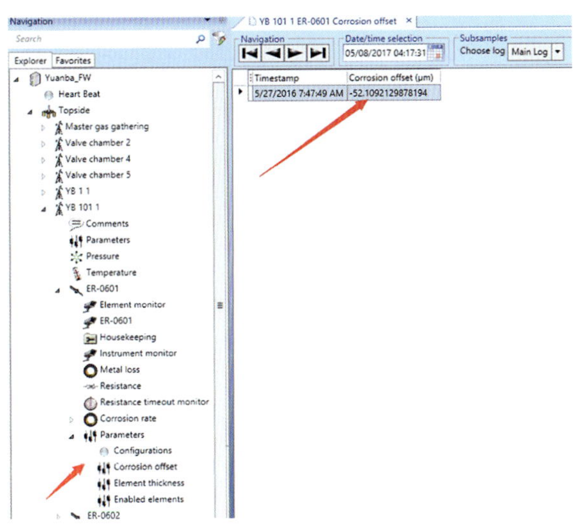

图 3–6　YB××–1H 加热炉进口处电阻探针 ER–××01 重新组态

4. 经验教训

（1）电阻探针一旦取出后，需对该探针重新做基准，数据分析时剔除失真数据，避免失真数据造成错误判断。

（2）电阻探针使用一段时间后探头表面易附着硫化亚铁、单质硫等使电阻元件发生短路，导致数据出现波动，从而无法正常监测腐蚀情况，应每半年进行全面清理探针探头表面，保障数据的真实性。

三、电阻探针（ER）金属损失呈持续下降趋势

1. 故障描述

某日，YB×× 多相流气相出口电阻探针 ER-××02 受到波动后，腐蚀数据呈下降趋势（图 3-7），与腐蚀规律不符。YB××-3 井外输管线电阻探针 ER-××03 显示腐蚀速率呈负增长（图 3-8）。YB××-2 井多相流气相出口处电阻探针 ER-××03 显示腐蚀速率呈负增长（图 3-9）。

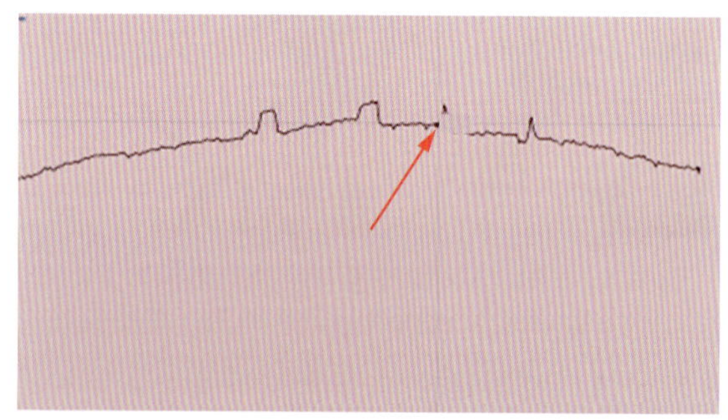

图 3-7　YB×× 多相流气相出口处电阻探针 ER-××03

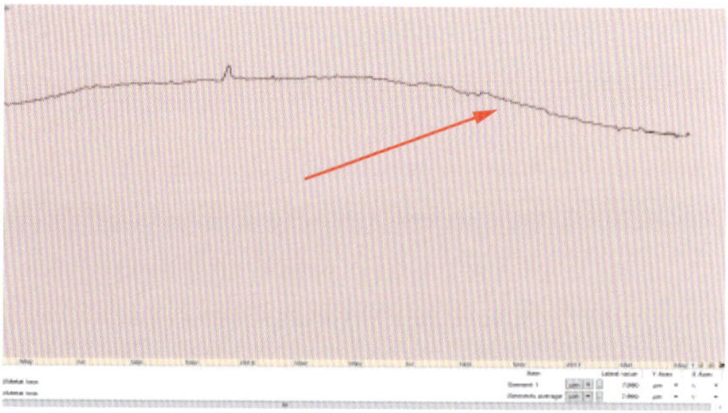

图 3-8　YB××-3 外输管线电阻探针 ER-××03

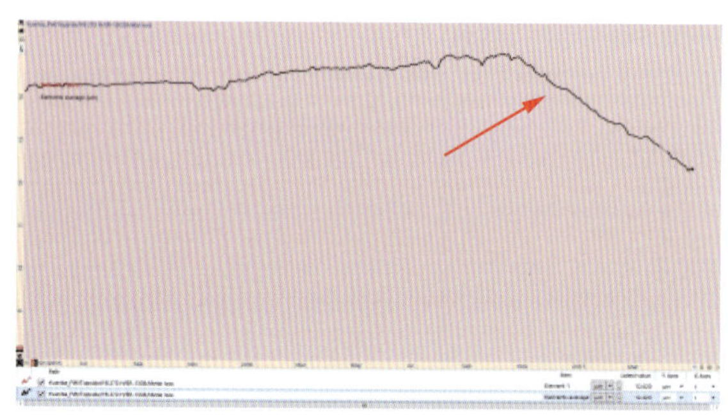

图 3-9　YB××-2 多相流气相出口电阻探针 ER-××03

2. 原因分析

主要由以下原因造成：

（1）探头表面损坏，或探针填料损坏、有裂缝。

（2）探头表面电阻元件经腐蚀产物等导体与探针金属壳体连通，造成电阻元件短路。

（3）探针腐蚀元件线与参考元件电阻测量线接反。

3. 故障处理

针对上述原因，采取了如下措施予以解决：

（1）更换新的探针，并重新组态，设置基准。

（2）取出探针，对探头表面进行清洗。

（3）校对探针接线，利用万用表测量每组测量线之间的电阻值，腐蚀元件与参考元件出厂时电阻均约为 2.9Ω。

4. 经验教训

（1）电阻探针探头的寿命大约为 2 年，应时刻注意电阻探针监测数据的变化，若探头表面受损则需及时更换新的探针，保障数据的准确性与及时性。

（2）在探针安装前后均应测量参考元件与腐蚀元件的电阻值，以及腐蚀元件与探针壳体的电阻值，避免测量线接反后导致数据失真。

（3）定期清洗电阻探针探头。

四、电阻探针（ER）至中心控制室服务器的数据中断

1. 故障描述

某日，中控室在巡检腐蚀监测机柜时，发现腐蚀监测数据停止在 22 天前，但到 YB×× 场站检查时却发现数据上传正常（表 3–1）。

表 3–1　YB×× 场站电阻探针数据记录表

ER–1501	加热炉进口	0.000361	0.000404	0.002185	0.00218	数据截至 3–20
ER–1502	多相流计量撬块气相出口	0.010712	0.001839	0.002139	0.00213	数据截至 3–20
ER–1503	外输管线	–0.001336	清洗	–0.000615	–0.000615	数据截至 3–20

2. 原因分析

主要由以下原因造成：

（1）场站与中心控制室服务器网络通信故障。

（2）数据上传指向路径文件损坏。

3. 故障处理

针对上述原因，采取了如下措施予以解决：

（1）检查网络通信。

分别对腐蚀监测系统软件以及通信设备进行检查。

（2）检查数据上传指向路径文件。

腐蚀监测服务器都建立在一个局域网下，计算机 ID 用场站命名，域名为 ***.user，场站组态要组在 Topside 文件名下，如果文件名不同，则中控和现场服务器无法传输数据，场站服务器必须打开阵列消息 MSMQ，场站服务器在 fild server wath 文件夹下的 Mapper 中有个记事本文件 FIU Mapper.exe 文件，用记事本打开里面有个 Localhost 的一个 IP 指向必须填写中心控制室 IP **.**.***.**，腐蚀机柜计算机与中心控制室服务器网络能正常连接通信，同时检查腐蚀机柜计算机远程服务功能，能正常打开。最后检查腐蚀机柜计算机数据上传 FIU Mapper 文件，经重新将备份的 FIU Mapper 文件覆盖到该站服务器原路径，现

场测试三组数据后，观察场站和中心控制室的数据能否同步。

4. 经验教训

（1）在操作软件中，如果需要做某些修改，必须备份重要数据，防止修改后因为路径或设备号不同导致原来的数据丢失。

（2）中心控制室的软件不得修改，中心控制室作为重要数据终端，安装的系统为服务器版本，一旦造成系统问题，是较难修复的，所以所有的修改只能在场站进行，并提前进行必要的备份。

五、电阻探针（ER）与中心控制室服务器的数据同时中断

1. 故障描述

某日，在巡检过程中发现 YB×× 场站数据和中心控制室的数据均停止在 4 月 14 日（表 3–2）。

表 3–2　YB×× 场站电阻探针数据记录表

ER–1301	加热炉进口	0.001415	0.000617	0.000472	0.000149	数据截至 4–14
ER–1302	加热炉进口	0.001322	0.001447	0.001492	–0.00064	数据截至 4–14
ER–1303	多相流计量撬块气相出口	0	清洗	–0.002784	–0.00614	数据截至 4–14
ER–1304	生产分离器液相出口	0.005752	0.009808	0.005862	0.006401	数据截至 4–14
ER–1305	收球筒旁通之后	0.000407	0.000568	0.00063	0.000344	数据截至 4–14
ER–1306	外输管线	0.000209	0.000504	0.00055	0.000274	数据截至 4–14

2. 原因分析

主要由以下原因造成：

（1）计算机设置了硬盘休眠时间，导致数据停止上传。

（2）现场设备与服务器通信故障。

（3）站控室服务器腐蚀，导致监测系统软件通信程序错误。

3. 故障处理

针对上述原因，采取了如下措施予以解决：

（1）重新启动服务器，硬盘开始工作，进入桌面后，查看控制面板中电源设置项，若硬盘休眠则会导致数据上传停止，并且 FIU 也不会上传数据。若硬盘设置为永不休眠，服务器停止响应，应为服务器长时间运行导致的假死状态，对设备中的 ER 探针和现场 Log 箱进行通信，恢复正常，FIU 灯开始闪烁，中断的数据全部依次上传到场站服务器，同时中心控制室数据也同步上传。

（2）重新启动机柜内 FIU 控制器，测试通信。现场打开腐蚀监测计算机发现电阻探针 ER–××03、ER–××04、ER–××05 与腐蚀监测计算机间通信报错，导致无上传数据，加热炉电阻探针 ER–××01、ER–××02 和电指纹 FSM 数据上传正常，中心控制室服务

器也有数据上传，说明腐蚀监测计算机与现场设备通信良好，腐蚀监测计算机与中心控制室服务器的线路也无故障，其故障查找的重点在现场设备和监测计算机的监测软件设置方面。通过重启机柜内的 FIU 控制器，再次激活现场设备与服务器的通信。

（3）对通信软件重新组态。通过重启机柜内的 FIU 控制器，故障现象依旧存在，检查 MOXA 串口服务器设置均正常，机柜计算机与中心控制室服务器网络能正常连接通信和上传数据，再次对在线通信的设备进行重新组态。为防止数据丢失，先进行服务器数据拷贝，拷贝 Database 下的所有数据至桌面备份；为防止 Lincese 授权丢失导致软件报错，备份 Admin Tool 上的授权文件并用记事本保存至桌面，在监测控制软件上卸载电阻探针 ER-××03、ER-××04、ER-××05 并重新组态 ER 电阻探针，组态后检查现场的主板地址保证一致，设置好测量时间、通信时间，重新组态故障探针后，再次测量通信，通信正常后，强制读取数据，若数据正常上传，则故障消除。

4. 经验教训

（1）软件授权作为软件正常使用的必要条件，需要提前备份，则若无备份，则可能在系统重启断电后发生 Lincese 授权丢失，服务器软件全部不能工作，需重在重新拷贝授权文件后，才能恢复正常。

（2）对 C 盘软件安装目录下的 Database 文件夹下所有设备数据备份，要养成修改前备份的好习惯，这样既能防止数据丢失，更能保证不会搞不清组态的设备数量。

（3）软件重新组态后需要恢复原来的 Database 数据文件，要恢复到正确的路径。

（4）除了对机柜内设备进行检查外，对 MOXA 串口服务器的检查也很有必要，串口服务器也出现过死机故障，重启串口服务器能解决 FIU 到服务器的数据传输故障。

（5）在日常巡检时，加强对腐蚀机柜监测计算机上各类数据的查看、查验和远程上传数据的检查，及时发现和解决问题。加强各腐蚀监测系统备件的上报和储备，在设备的维护保养方面，要及时更换电量过低的电池，有故障的控制主板等，确保设备长周期安全运行。加强恶劣天气或雷雨季节的设备巡检，腐蚀监测系统为弱电系统，外界的强电、强磁干扰极易造成主板损坏或数据采集上传中断，必须加强设备的接地电阻测试和屏蔽措施的检查。

第二节　腐蚀挂片系统故障

一、腐蚀挂片取放过程中取放工具发生泄漏

1. 故障描述

某日，在对 YB×× 场站加热炉进口腐蚀挂片 CC-××01 进行取放更换时，当取放杆按正常操作步骤进行取换作业，在松开承载器螺钉后，取放杆平压，腐蚀挂片杆向上顶升时，承载器与伺服阀接合面发生气体泄漏。

2. 原因分析

主要由以下原因造成：

（1）伺服阀阀体密封不良，造成气体泄漏。

（2）伺服阀底部密封垫损坏，造成气体泄漏。

（3）伺服阀与承载器接合面之间有杂质，造成气体泄漏。

3. 故障处理

针对上述原因，采取了如下措施予以解决：

（1）立即停止取换挂片作业，按正常取换步骤将取换杆打回承载器内，重新旋紧锁固螺钉，将伺服阀的压力泄至 0MPa，取下取放杆。

（2）对伺服阀进行检查，若阀体密封圈损坏，则更换阀体密封圈，并对伺服阀进行试压，试压合格后方可正常使用，再次取换腐蚀挂片。若底部密封垫存在损坏，则更换伺服阀底部密封垫后即可再次进行取换作业。若承载器端面、伺服阀底座有杂质或者较脏，则对承载器端面、伺服阀底座进行清洁，清洁干净后再次进行取换作业。

4. 经验教训

（1）由于伺服阀、取放杆等挂片取换装置在日常使用作业中要承受高压和接触腐蚀气体，易造成伺服阀内密封组件损坏，应加强日常的维护保养工作，对损坏的密封圈、密封垫进行更换，在条件具备的情况下对承压器件进行气密性打压检查。

（2）加强作业前的现场检查确认工作，对作业工具、取放杆、加压泵及伺服阀进行全面检查确认，如有必要，在取换挂片作业时，带上两台伺服阀、加压泵和取放杆，确保作业工具的完好性和作业过程中的安全。

（3）加强作业人员的技能培训及安全教育培训工作，严格执行涉硫直接作业相关安全规程，作业前人员要对隔离式空气呼吸器进行压力和气密性检查确认，各项性能完好保证使用安全。

二、腐蚀挂片取换时承载器旋塞泄漏

1. 故障描述

某日，在对 YB×× 场站收球筒旁通腐蚀挂片 CC-××05 进行取换时，取换前观察承载器盖子压力表显示压力为 0MPa，随后用 36in 铜管钳旋转承载器盖进行开盖，在旋开不到一圈时，听到承载器有泄漏的声音，并且随身携带的便携式硫化氢检测仪报警，随即拧紧，打开盖子上的针型阀尝试对承载器盖子泄压，没有压力气体泄出，又缓慢开盖，仍然有气体泄漏，无法进行取换作业。

2. 原因分析

主要由以下原因造成：

固定挂片支架的锁紧螺母顶丝损坏或未固定到位。在旋松盖子前，压盖压紧挂具旋塞从而使挂具悬挂到位，密封圈密封到位；在松开盖子后，管道内压力推动挂具随盖子松动向上移动，导致密封不到位，气体从挂具旋塞逸出。

3. 故障处理

针对上述原因，采取了如下措施予以解决：

（1）重新对角紧固螺钉，紧固完成后打开盖帽，若不再漏气，则故障解除，可正常进行挂片取换操作。

（2）若紧固螺钉无效，则螺钉发生损坏，逐一取出螺钉检查密封面及密封圈（一次只能取出一个，回装后才能取下一个），对损坏的螺钉进行更换后重新安装紧固，若更换后挂具旋塞不再漏气，则故障解除。

（3）若上述措施均不能排除故障，则需要在关井泄压后作业，泄压后取出挂片，检查挂具上的各级密封圈磨损情况，对密封圈进行更换或维护。

4. 经验教训

（1）每次安装腐蚀挂片支架时，应按对角同时紧固螺母，避免因螺母未紧固到位，导致运行过程中腐蚀介质腐蚀密封件出现泄漏。

（2）当紧固螺母失效或挂具密封圈失效时，承载器盖也是重要的防止泄漏部件，故每次更换腐蚀挂片后，一定要用大管钳拧紧承载器盖。

三、腐蚀挂片无法正常安装

1. 故障描述

某日，对 YB×× 井加热炉进口处腐蚀挂片进行取换作业，该井处于正常生产状态，加热炉进口处管道中运行压力为 12MPa，按照作业操作规程更换新的挂片后，需重新将装有挂片的支架安装至管道中，将取放杆放置于伺服阀上端，旋紧取放杆与伺服阀的连接丝扣，准备就绪后，再次确认取放杆、伺服阀的泄压针型阀均处于关闭状态，随后打开伺服阀的平衡阀对伺服阀进行平压操作，平衡阀打开后，尝试打开伺服阀的双球阀，此时双球阀无法打开，作业无法继续开展。

2. 原因分析

因为在伺服阀平压过程中需要平衡管道和伺服阀、取放杆压力，伺服阀上、下各有一个平衡阀，可依次平衡管道与伺服阀、伺服阀与取放工具间的压力。开启平衡阀后，观察取放杆上压力表，发现无起压现象，平衡阀没能平衡压力，管道内外存在巨大的压差，自然双球阀无法打开，平衡阀为小孔，存在堵塞现象。

3. 故障处理

反复开关平衡阀。由于伺服阀安装在管道上，不能在带压情况下更换伺服阀，只能缓慢、反复开关平衡阀，经过反复数次后，冲通平衡阀，观察取放杆上压力表起压情况，待压力平衡后，开启双球阀，可以继续打压作业。

4. 经验教训

（1）伺服阀属于压力承压元件，各部位密封件和活动件必须保证正常，在平时的保养过程中，除了清除污垢还要定期检查密封件。

（2）取放杆和打压泵连接的快速接头属于经常连接件，作业完成后应该用塑料盖板盖住连接头，防止因在地上拖拽造成以后连接不紧密而漏油，无法打压的情况，取放杆和伺服阀的密封圈属于每次作业的必须检查项，以避免作业过程中产生泄漏。

四、腐蚀挂片取放工具压力无法泄压

1. 故障描述

挂具在回收到取放工具内后，关闭伺服阀球阀，对伺服阀与取放工具之间气体进行泄压时，发现气体无法泄尽，因而不能取下取放工具进行下步操作。

2. 原因分析

主要由以下原因造成：

（1）管道内气体此时通过伺服阀的球阀进行密封，伺服阀球阀密封圈失效，可能导致内漏使气体无法泄尽。

（2）球阀关闭时被异物卡堵，未关闭到位。

3. 故障处理

针对上述原因，采取了如下措施予以解决：

（1）反复活动球阀，直至卡堵解除。

（2）若伺服阀与取放工具间压力依然无法泄尽，可能为卡堵无法解除或球阀密封圈失效。此时，应重新打压将挂具安装至监测装置内，取下伺服阀检查密封圈是否损坏，清理卡堵物。

4. 经验教训

（1）使用前，需对伺服阀进行室内试压，试压合格后方可使用。

（2）若卡堵物卡住球阀，重新打压安装挂具后，可能存在卡堵情况再次出现，需再次反复活动或清理。

五、带压取换工具打压泵故障

1. 故障描述

某日，YB×× 场站多相流气相出口处 CC-××02 在放入挂具过程中，流程压力为 6.5MPa，手动打压泵刚打压不久，泵出口处压力表很快起压，显示值达到 17MPa，作业人员尝试关闭伺服阀的上球阀，球阀无法关闭。

2. 原因分析

主要由以下原因造成：

（1）打压泵故障，压力没有传导出去，在打压泵与取放杆连接的针型阀处憋压，导致打压泵出口处压力表显示压力高，而取放杆未向下移动，挂具也未到达管道内，伺服阀球阀无法关闭。

（2）打压泵与取放杆之间的连接针型阀处油路堵塞。

3. 故障处理

针对上述原因，采取了如下措施予以解决：

（1）关闭取放杆上球阀，迅速更换打压泵，继续作业。

（2）更换打压泵与取放杆之间的液压连接管线。

4. 经验教训

（1）液压打压泵是重要的部件，平时要定期检查油位是否正常，升缩起压是否正常，能否快速平压，并保证良好的打压动作，禁止使用蛮力。

（2）每次取换应至少配备一台完好的打压泵，避免出现故障时影响作业。

第三节　电指纹系统故障

一、FSM 电指纹出现“2095”时间错误

1. 故障描述

投产不久，站外管线所用的电指纹腐蚀监测系统 FSM-1、FSM-2、FSM-3、FSM-4、FSM-5、FSM-6、FSM-7、FSM-8、FSM-9、FSM-10 相继出现时间错乱，时间出现“2095”年后，数据停止上传。

2. 原因分析

主要由以下原因造成：

（1）现场数据存储器与服务器时间轴不一致。FSM 电指纹数据测量时间设置为 12h 一次，测量完成后同时由 FIU 抓取现场 Log 箱里的数据，以 6~10min 不等的时间间隔上传数据至场站腐蚀机柜，若两边时间轴不一致，系统不识别数据文件而导致数据停止上传。

（2）服务器系统数据处理软件存在漏洞。

3. 故障处理

针对上述原因，采取了如下措施予以解决：

（1）校正现场数据存储器上传数据的时间间隔与服务器读取数据的时间间隔，统一现场数据存储器与服务器的时间轴。

（2）进行服务器系统软件升级，通过对软件的 Bug 打补丁，升级服务器软件数据处理程序，校准数据读取文件。

4. 经验教训

（1）FSM 电指纹属于精密测量元件，测量时间短，测量电流为瞬间通过，周围的干扰因素有很多，比如电伴热或阴极保护的电流，在电指纹周边要避免使用大功率的电气设备，防止产生干扰。

（2）FSM 电指纹现场 Log 箱内有充电电池、激励电源、通信板和测量板，在排除故障时，先测量通信是否存在问题，再查看电源的输出是否达到使用要求。

二、FSM 电指纹无法上传数据

1. 故障描述

某日，在巡检过程中发现位于 YB×× 场站进站处 FSM-4 电指纹数据无法上传，连接电缆正常，FIU 工作正常，服务器工作正常，服务器和现场设备无法建立通信。

2. 原因分析

主要由以下原因造成：

（1）现场监测仪表属于弱电设备，极易遭受雷击，发生电路板损坏。

（2）发生通信主板损坏。

3. 故障处理

针对上述原因，采取了如下措施予以解决：

（1）更换通信主板。切掉电源，在完全断电的情况下更换通信主板，更换主板后，在主板上设置拨码地址。

（2）打开 Admin Tool 组态软件，在软件组态中匹配现场 FSM 通信地址，软件中和现场匹配 ADD 地址为 2。完成后，测试通信，强制测试三组数据，都能取得腐蚀数据，则作业完成。

4. 经验教训

（1）作业时一定要断电，防止因短路而烧坏主板。

（2）雷雨季节要加强防雷接地检查，周围要避免因使用大功率设备而造成测量误差和设备损坏。

三、FSM 电指纹数据失真

1. 故障描述

某日，在巡检过程中发现 FSM-1 出现奇偶序列的探针金属损失的差距大，部分金属损失出现下降 10μm、有的金属损失出现异常上升 70μm，呈现放射状。

偶数序列的探针电压变化趋势与温度变化趋势符合，技术序列的探针电压变化趋势与温度变化趋势不符，导致最后计算的结果 metal loss 与 average metal loss 出现大的波动，数据不准确（图 3-10、图 3-11）。

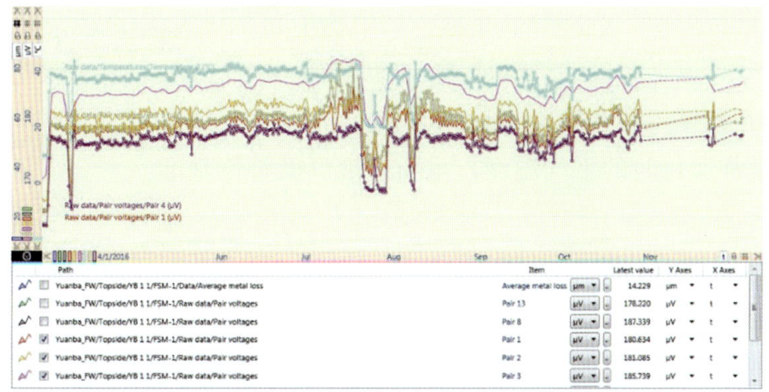

图 3-10　FSM-1 电指纹不同探针之间的数据变化

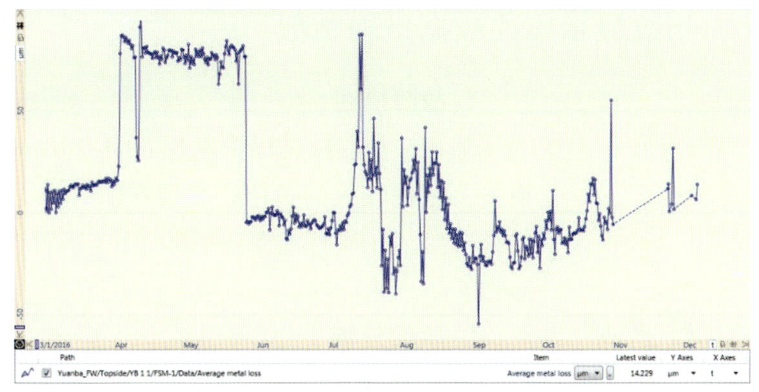

图 3-11　FSM-1 电指纹平均腐蚀速率变化

2. 原因分析

主要由以下原因造成：

（1）Log 箱电池故障。

（2）Log 箱电源模块损坏。

（3）数据测量主板损坏。

（4）部分针脚损坏，影响整体读数。

（5）温度补偿参考基准取错。

3. 故障处理

针对上述原因，采取了如下措施予以解决：

（1）在供应电压中查看电池电压。若电池电压小于 11.5V，则说明电池已无法充电，需更换电池。

（2）在原始数据中查看激励电流，正常值应在 102~105A，若电流出现明显异常则不能提供稳定数据，需更换电源模块。

（3）查看每对 pair 测量的原始电压，若原始电压单、双对 pair 出现明显不同，则考虑现场主板接线是否存在接触不良，在排除接线不良后，数据仍未得到改善，则说明主板损坏，需对主板进行更换，若部分 pair 前、后电压值差距过大或跳变，则该处 pair 可能出现现场接线不良或管道上焊接的针脚损坏，在排除接线不良后，该处 pair 电压值仍为异常，则需屏蔽该对 pair 数据，否则将影响整体数据。

（4）参考正常运行时的平均温度，重新校准温度补偿基准。

4. 经验教训

（1）在正常生产后，应参考管道运行时的平均温度及时校准 FSM 系统中温度补偿基准，避免因温度补偿造成数据失真现象。

（2）在日常管理中，需要将腐蚀监测系统 FSM 损坏的数据测量主板、通信板等进行及时更换及修复。

四、FSM 电指纹显示腐蚀数据呈现负数

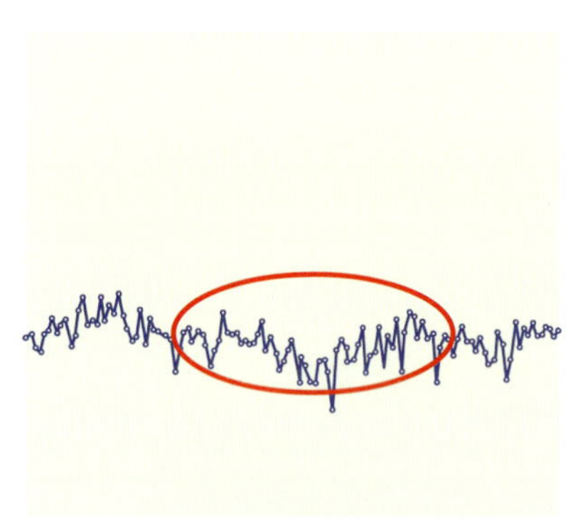

图 3-12　FSM-2 平均腐蚀速率下降呈现负值

1. 故障描述

某日，在巡检过程中发现 FSM-2 的 metal loss（金属损失）呈现较大的负值，表现在图形界面上为腐蚀速率趋势改变，由向上的趋势变为向下，不符合腐蚀规律（图 3-12）。

2. 原因分析

主要原因为：

管道原始壁厚测量数据取错，调试期间做的腐蚀基准没有考虑到正常生产后的温度和管道压力，导致基准偏大、失真，金属损失一直呈现下降趋势。

3. 故障处理

针对上述原因，采取了如下措施予以解决：

（1）重新建立管道原始参考基准。选取开井期间比较平滑的 pair 电压建立新的基准，噪声值不能超过 5‰，选取 5 个上下不同的电压点（图 3-13）。

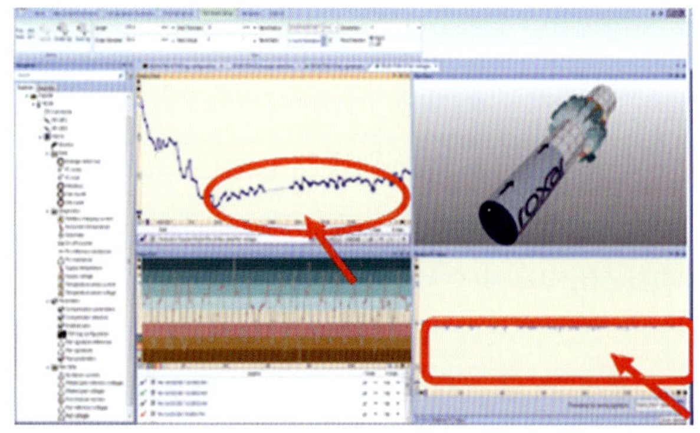

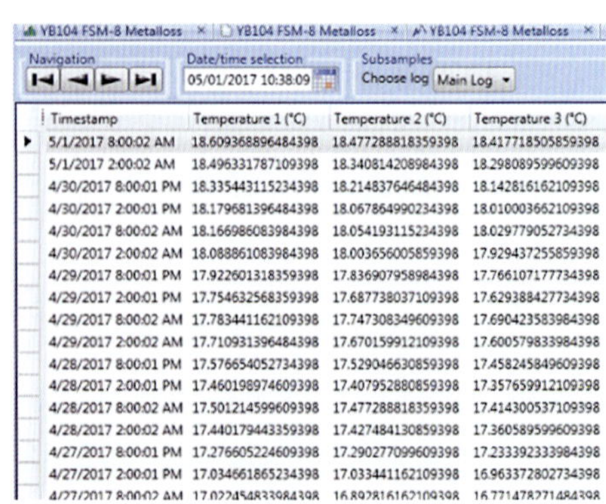

Timestamp	Temperature 1 (°C)	Temperature 2 (°C)	Temperature 3 (°C)
5/1/2017 8:00:02 AM	18.609368896484398	18.477288818359398	18.417718505859398
5/1/2017 2:00:02 AM	18.496331787109398	18.340814208984398	18.298089599609398
4/30/2017 8:00:01 PM	18.335443115234398	18.214837646484398	18.142816162109398
4/30/2017 2:00:01 PM	18.179681396484398	18.067864990234398	18.010003662109398
4/30/2017 8:00:02 AM	18.166986083984398	18.054193115234398	18.029779052734398
4/30/2017 2:00:02 AM	18.088861083984398	18.003656005859398	17.929437255859398
4/29/2017 8:00:01 PM	17.922601318359398	17.836907958984398	17.766107177734398
4/29/2017 2:00:01 PM	17.754632568359398	17.687738037109398	17.629388427734398
4/29/2017 8:00:02 AM	17.783441162109398	17.747308349609398	17.690423583984398
4/29/2017 2:00:02 AM	17.710931396484398	17.670159912109398	17.600579833984398
4/28/2017 8:00:01 PM	17.576654052734398	17.529046630859398	17.458245849609398
4/28/2017 2:00:01 PM	17.460198974609398	17.407952880859398	17.357659912109398
4/28/2017 8:00:02 AM	17.501214599609398	17.477288818359398	17.414300537109398
4/28/2017 2:00:02 AM	17.440179443359398	17.427484130859398	17.360589599609398
4/27/2017 8:00:01 PM	17.276605224609398	17.290277099609398	17.233392333984398
4/27/2017 2:00:01 PM	17.034661865234398	17.033441162109398	16.963372802734398
4/27/2017 8:00:02 AM	17.022454833984398	16.892816162109398	16.771478271484398

图 3-13　建立新的管道壁厚参考基准

（2）点击 save sig，保存新的基准，以后的腐蚀趋势就会以新的基准作为参考（图 3-14）。

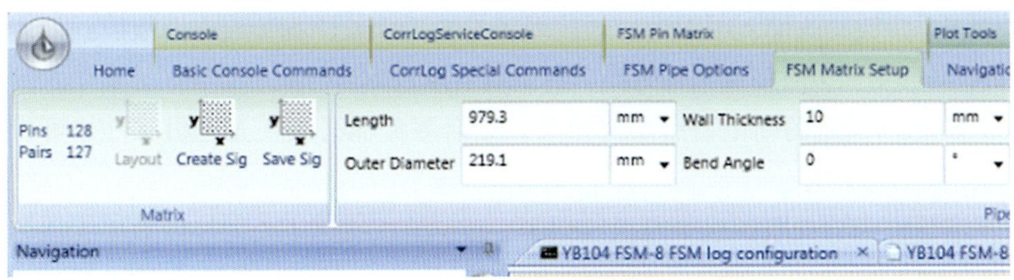

图 3-14　保存组态

（3）确认 pair 电压和电流在正常范围内，完成组态。

4. 经验教训

（1）FSM 电指纹的基准设置一旦做好，不宜频繁修改，防止后面的数据无对比性。

（2）应对平时的后台数据 RAW data 中的电压、电流测得数值加强观察，该数据是计算腐蚀速率的原始测量值，关系到 FSM 电指纹取得数据的准确性。

五、腐蚀监测系统数据停止上传

1. 故障描述

某日，在巡检过程中发现 YB×× 场站腐蚀监测系统设置有两套 FSM 电指纹监测系统，5 套电阻探针监测系统，电阻探针数据同时停止上传至中心控制室服务器（表 3-3）。

表 3-3　该站腐蚀数据记录表

ER-1001	加热炉进口	0	-0.000401	0.000216	-0.000363	数据截至 4-9
ER-1002	多相流计量撬块气相出口	0	0.000495	-0.000203	0.000103	数据截至 4-9
ER-1003	污水管线出站前	0.000165	0.000969	-0.000978	0.0003601	数据截至 4-9

2. 原因分析

主要由以下原因造成：

（1）通信故障。

（2）现场临时数据存储器主板损坏。

3. 故障处理

针对上述原因，采取了如下措施予以解决：

（1）通过重启机柜内的 FIU 控制器，测试现场数据存储器与服务器通信。

（2）在 Admin Tool 组态软件中重新卸载故障设备，再重新添加。

（3）设置 FIU 中设备地址，测量时间，抓取时间数据后，手动测量三组数据，服务器均能在设置时间内抓取上来现场腐蚀数据，机柜计算机能正常读取采集数据，中心控制室服务器也同步采集数据。

（4）更换现场临时数据存储器主板。

4. 经验教训

（1）对 ER 探针的故障，可以通过通信现场设备排除硬件和传输电缆故障，处理完后必须设置正确的数据抓取时间和测量时间，避免发生设置测量时间过短导致大量数据堵塞。

（2）对机柜内设备的断电重启需要慎重，重启服务器必须要先退出软件才可以，否则容易造成授权文件丢失。

（3）在巡检时应检查紧固机柜内接线端子，避免因接线端子松动导致数据无法传输。

第四节　超声波监测系统故障

一、超声波（UT）腐蚀监测系统故障

1. 故障描述

某日，在对站外 UT-1、UT-3、UT-4、UT-5、UT-6、UT-7、UT-8 超声波监测系统手动进行壁厚数据读取时，正常完成壁厚读取操作，但未取到壁厚监测数据。

2. 原因分析

主要由以下原因造成：

（1）现场设备电量不足。现场 UT 设备测量电池站外 UT 电池电压为 15V，站内 UT 电池电压为 24V，测量电池电量已经不到一半，设备已经无法正常测量数据。

（2）GSM 卡中数据传输费用不足而停机。

（3）现场设备通信板损坏。

（4）设备内部焊接电源线脱落。

3. 故障处理

针对上述原因，采取了如下措施予以解决：

（1）更换现场设备电池。重新更换电池后，电量达到测量所需电量，现场数据能正常测量。

（2）对所用 GSM 卡账号充值。

（3）更换设备通信板并设置后上传数据正常。

（4）检查设备内部连接线连接情况，对设备内部脱落的电源线重新焊接紧固。

4. 经验教训

（1）由于电池配件在管理中心库房存放时间较长，达到一年多，电池性能有所下降，出现无法测量的情况，首先要检测电池电量是否达到测量要求。

（2）夏天雷雨天气比较多，尤其场站外 UT 设备容易遭受雷击，雷击很容易导致硬件电路板的损坏，对设备的防雷接地要进行经常性检查，还要检查野外防爆箱的密封性，防止雨水侵蚀。

二、UT 腐蚀监测系统数据无法上传至服务器

1. 故障描述

某日，在对站外超声波（UT）腐蚀监测系统进行数据读取时发现，部分超声波腐蚀监测系统无法通过手持平板电脑进行数据读取，部分数据读取后无法上传至中控室服务器。

2. 原因分析

主要由以下原因造成：

（1）服务器损坏。

（2）手持读取数据终端与现场设备时间轴不一致，数据文件名出错，系统数据处理软件不识别。

3. 故障处理

针对上述原因，采取了如下措施予以解决：

（1）更换服务器，对整体系统进行优化。一方面之前的服务器通信存在 Bug，另一方面旧的服务器是 Linux 系统，不便于操作，新的服务器对此进行了改进，将通信缺陷进行了完善，且使用 Windows 系统，较为通用。对浏览器的设置也进行了改进，之前的浏览器界面只能看到管道厚度，需人工计算腐蚀速率，现无需计算，浏览器上显示有单个方向及所有方向的腐蚀速率以及 3 个月、6 个月、12 个月、全部等不同时间段的腐蚀速率曲线。

（2）对手持数据读取器及现场设备进行时间校对。通过 GSM 卡以及工业以太网自动上传至服务器的 UT，时间根据 Internet 进行修正，但是人工读取数据的 UT 时间则是根据 Pad 的时间进行设置，故要求每次用 Pad 读取数据之前，必须将 Pad 的时间设置正确，否则下次将读取到错误的文件且无法上传至服务器！而对 Pad 需注意的是：不能突然断电或拔出，因为这都会导致 Pad 的时间设置出错，故应正确使用 Pad。

4. 经验教训

（1）腐蚀监测系统相对封闭，系统较为复杂，应定期对数据文件以及系统文件进行备份。

（2）在日常数据读取前，应对手持终端数据读取器进行时间校准。

第五节　阴极保护系统故障

一、恒电位仪输出异常报警

1. 故障描述

某日，YB×× 场站值班人员在对阴保间进行巡检过程中，发现正在运行的恒电位仪 1# 机有报警峰鸣声，并且恒电位仪输出电压、电流达到最大，运行状态从恒电位运行变为

恒电流运行。

2. 原因分析

主要由以下原因造成：

（1）恒电位仪至阳极地床电缆或管道电缆损坏。

（2）绝缘法兰失效或防腐层破损严重。

3. 故障处理

针对上述原因，采取了如下措施予以解决：

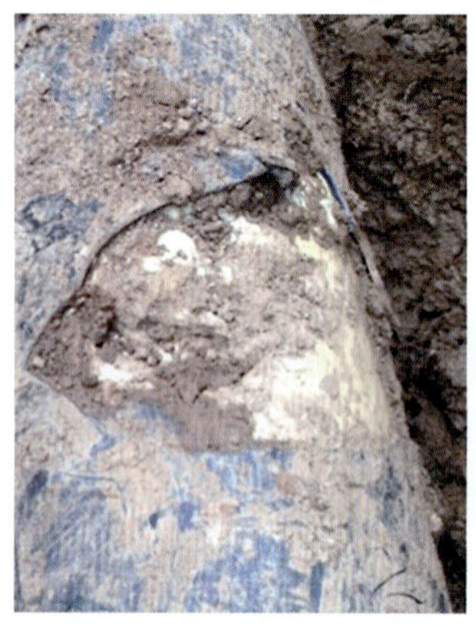

图 3-15　管道防腐层破损

（1）排查恒电位仪输出阴极、输出阳极电缆有无损坏或大型施工导致电缆断裂，排查电缆断点并进行修复或更换。

（2）对管道进、出站绝缘法兰绝缘性进行检测，若绝缘性差或失效，尝试更换绝缘法兰处的防爆火花间隙保护器。

（3）用 PCM^+ 等防腐层检测设备对管道防腐层进行漏点检测，对检测出的漏点进行修复（图 3-15）。

4. 经验教训

（1）更换电缆中间不能有接头，如果有接头做不好防水处理会导致电缆出现接地问题，而导致恒电位仪工作不正常。

（2）恒电位仪的输出电压及输出电流有逐步增大趋势，需安排人员用 PCM^+ 机对站外管线做管线防腐层漏点检测，发现有漏点增多趋势，需尽快实施管道修补工作。

（3）巡线时要加强对管道周边动土和强电的巡查。

二、阴极保护智能测试桩远传电位显示为 0

1. 故障描述

某智能电位测试桩 M-58 上传的数据管地电位、无 IR 降电位均为 0，报警显示为报警状态（表 3-4）。

表 3-4　测试桩数据记录表

设备编号	设备名称	存储时间	管地电位 /V	无 IR 降电位 /V	自然电位 /V	干扰电位 /V	报警
136159	M-58	2017-03-27 10:48:06	0.000	0.000	-0.101	0.00	报警
136159	M-58	2017-03-28 10:48:06	0.000	0.000	-0.115	0.00	报警

2. 原因分析

主要由以下原因造成：

（1）智能采集仪故障，无法上传数据，导致系统默认显示为 0。

（2）电位测试桩极化探头无效，无法测量电位值。

（3）通信故障，无法上传数据，导致系统显示为默认值 0。

3. 故障处理

针对上述原因，采取了如下措施予以解决：

（1）更换新的智能采集仪，重新设置组态。

（2）更换测试桩极化探头。利用万用表现场测量测试桩的管地电位、自然电位，再用使携式参比电极测量管地电位与自然电位，若便携式参比电极测出的数据正常，而测试桩长效参比测量处数据偏正，则需更换测试桩极化探头。

（3）对测试桩重新设置 IP 地址，测试采集仪与数据接收终端通信。

4. 经验教训

（1)应通过远程进入阴极保护在线监控专家系统，在线调用智能电位测试桩上传数据，智能电位测试桩以无线数据通信（GPRS、GSM 短信）和有线通信相结合的方式作为数据传输手段，通过进行智能电位采集仪调试软件测试，及时更换故障的智能采集仪，保证实时监测数据。

（2）智能电位采集系统由智能电位采集仪、参比电极（参比电极加试片）和测试桩构成，安装在野外并深埋于地下，其工况环境恶劣必须加强日常巡检和维护保养，确保测试桩正常运行。

三、阴极保护智能测试桩远传电位显示偏正

1. 故障描述

某日，在巡检过程中发现 M–34 号智能电位测试桩上传数据异常，其管地电位、极化电位和自然电位与正常值有较大的偏差。2016 年 3 月 27 日上传存储的数据：管地电位为 –0.598~–0.491V，极化电位为 –0.598~–0.488V，自然电位为 –0.044~–0.033V，以上数据明显较阴极保护电位要求偏正，且极化电位接近自然电位。

2. 原因分析

主要由以下原因造成：

（1）测试桩极化探头安装反了。

（2）极化探头失效。

3. 故障处理

针对上述原因，采取了如下措施予以解决：

（1）开挖并重新安装极化探头。极化探头表面应与大地接触，穿线口朝上。

（2）更换新的极化探头。首先根据阴极保护专家系统的诊断，初步判断在测试桩的供电正常、电位检测电路正常和数据上传发送模块正常情况下，造成数据异常的主要因素是极化探头阻值变化造成检测数据异常，检测电压偏正，特别是自然电位明显高于正常电

位，表明极化探头失效。

（3）更换之后，观察系统上传数据正常（表 3–5）。

表 3–5 极化探头更换前后上传参数对比

设备编号	设备名称	存储时间	管地电位 /V	无 IR 降电位 /V	自然电位 /V	干扰电位 /V	报警
136159	M–34	2016–03–27 10:48:06	–0.598	–0.598	–0.044	0.05	报警
136159	M–34	2016–03–28 10:48:06	–0.457	–0.455	–0.036	0.04	报警
136159	M–34	2016–07–04 10:48:06	–1.151	–1.148	–0.772	0.03	正常
136159	M–34	2016–07–05 10:48:06	–1.202	–1.199	–0.775	0.03	正常

4. 经验教训

（1）元坝气田各管道沿线阴极保护数据的及时、准确采集，并自动发送至管理中心，对于用户系统的分析和评价阴极系统，分析线路腐蚀数据提供了科学的方法和管理手段。专家诊断系统可以协助用户分析管线运行状况，为故障的判断和处理提供参考，有助于用户及时发现和解决问题。

（2）智能电位测试桩数据和场站的恒电位仪运行参数，应定期进行收集整理，并评判运行参数的变化情况，以便于及时发现异常和故障，对存在的故障隐患进行及时处理，确保阴极保护率达到 100%。

第六节 管线清管批处理作业故障

一、发送清管器时清管器不动作

1. 故障描述

某日，开展 YB× ×–1~YB× ×–2 第一次管线投产前的燃料气清管预涂膜作业，该段管线规格为 $\phi 273 \times 11$，要求使用的清管器过盈量为 5%~8%，涂膜引导清管器的过盈量为 3%~8%，涂膜清管器过盈量为 1%~5%，准备好之后，关闭主流程球阀进行发球，30s 之后，出站管线处听球人员仍未听到清管器从发球筒向站外管线移动的声音，表明清管器未出站且仍在发球筒内。

2. 原因分析

主要由以下原因造成：

（1）发球筒大小头处平衡阀处于开启状态。

（2）清管器放置的位置不正确，清管器中心轴与发球筒中心轴斜交。

（3）清管球的过盈量不够。

3. 故障处理

针对上述原因，采取了如下措施予以解决：

（1）现场确认流程，若发球筒大小头处平衡阀处于开启状态，则在关闭平衡阀后再进行作业。

（2）将发球筒泄压后，打开发球筒快开盲板，将清管器取出后，重新校准清管器与发球筒中心平行后，用推球杆用力将清管球推入发球筒大小头处，用防爆手电再次确认清管器放置到位。

（3）将发球筒泄压后，打开发球筒快开盲板，取出清管球，重新测量清管器的过盈量。

4. 经验教训

（1）发球前，必须按照阀门开关状态表进行流程确认，若发球时发球筒大小头处平衡阀处于打开状态，则清管器后端的燃料气经过平衡阀直接输入下游，无足够的动力源进行推球，则清管器将停止移动。

（2）放置清管器时，需将清管器中心轴与发球筒中心轴对齐放置，放置好后，用防爆手电确认清管器放置到位，清管器已推入发球筒大小头处，方可关闭发球筒快开盲板。

（3）清管作业前，核对作业管线的管径、壁厚大小，测量清管器过盈量是否满足要求，清管时用过盈量合格的清管器。

二、清管作业过程中清管器损坏

1. 故障描述

某日，在开展 YB××–1~YB××–2 管道清洁验证过程中，清管器发出 20min 后，收球端听到清管器移动的响声，但随后响声未随着距离的接近而变大，发球端与收球端的压力逐渐持平，未听到清管器进入收球筒。按照 3m/s 的球速控制，理论上清管器应在 17~18min 左右到达收球筒，随后将清管器前端的背压由 3.5MPa 降低到 1MPa，加大发球端的推压，加大清管器前后的压差进行推球，10min 之后，在收球端仍未听到清管器移动的响声，清管器停滞不前。

2. 原因分析

主要由以下原因造成：

（1）管线内有硬物或有焊堆，使清管器密封盘磨损过大形成漏失。

（2）清管器散架，使主密封盘散落在管道中形成漏失。

3. 故障处理

针对上述原因，采取了以下措施予以解决：

（1）重新发过盈量合格的清管器，由合格的清管器将损坏的清管器推出。

（2）重新发结构牢固的清管器，由合格的清管器将损坏的清管器以及散架的密封盘推出。

4. 经验教训

（1）清管作业前，应核对清管器的过盈量，同时建议新管线在进行清管时，尽量采用过盈量稍大的清管器，防止新管线内壁存在大量加厚的焊缝等磨损清管器密封盘，使清管器密封盘失效。

（2）在清管器运行过程中，应保持推球压力平稳，保障清管器清管过程呈匀速运行。

（3）清管器使用前，应检查清管器的各部件，将清管器所有的锁紧螺栓重新紧固。

三、清管器进站后推压持续升高

1. 故障描述

某日，在开展 YB××–1~YB××–2 管线清管作业过程中，11 时 05 分清管器经过 YB××–2 进站 ESDV 阀，随后 YB××–1 外输压力从 7.07MPa 开始呈上涨趋势，11 时 09 分 YB××–1 外输压力上涨至 8.9MPa，即将达到外输压力高高报警。

2. 原因分析

（1）清管器进入收球筒后，由于气速过快或收球筒三通挡条缺失或变形，导致清管器进入收球筒旁通并卡在三通处，造成下游气流通道堵塞。

（2）清管器将管道中沉积的泥砂、单质硫、缓蚀剂、柴油及其他杂物的黏稠混合物推到收球筒内，并在收球筒下游截止阀处淤积堵塞流程。

3. 故障处理

针对上述原因，采取了如下措施予以解决：

（1）发现清管器后端压力上涨，及时将主流程球阀打开，原料气由主流程进入下游，将外输压力下降至正常值后，关闭收球筒直管段球阀，再进行收球作业。

（2）打开主流程球阀，关闭收球筒直管段球阀，利用收球筒排污管线将收球筒内污物排出，对收球筒进行泄压，燃料气进行吹扫置换，置换合格后，打开收球筒快开盲板，利用专用拉杆将清管器取出。若清管器无法取出，则应考虑在拆卸收球筒旁通管线后，取出清管器。

4. 经验教训

在清管作业过程中，若出现流程压力骤增，应第一时间恢复正常流程并保证管线的安全运行。

四、收球筒压力无法泄尽

1. 故障描述

某日，在开展 YB××–1~YB××–2 管段的清管批处理作业中，听球人员判断球进站之后，打开主流程球阀，关闭收球筒直管段球阀与收球筒旁通球阀，对收球筒进行泄压，收球筒大量程（16MPa）压力表显示为0MPa时关闭放空，随即收球筒小量程（0.6MPa）压力表起压，再次打开放空对球筒进行泄压，当关闭放空后，发现收球筒小量程（0.6MPa）压力表立即起压，出现无法完全泄压的现象。

2. 原因分析

主要由以下原因造成：

（1）收球筒旁通平衡阀（截止阀）内漏。

（2）收球筒旁通球阀过扭矩。

（3）收球筒进、出口球阀未关闭严实，杂质卡住。

3. 故障处理

针对上述原因，采取了如下措施予以解决：

（1）反复活动收球筒旁通平衡阀，进行多次充压、泄压操作，尽可能将平衡阀内部的杂质冲走，再次将截止阀关严。

（2）缓慢关闭球阀，同时当球阀执行机构内部定位销与球阀两端连接法兰垂直时停止关闭球阀，避免球阀过扭矩导致气体通过球阀。

（3）进行多次充压、泄压操作，尽可能将球阀内部的杂质冲走。

（4）若通过上述操作仍无法解决，则需要通过上游气井停产泄压来处理。

4. 经验教训

（1）在日常球阀操作过程中，应观察球阀的定位销移动位置，同时不应过扭矩操作球阀。

（2）杂质容易在截止阀内部聚集导致截止阀关不严实，应采取充压的方式对截止阀进行吹扫。

第四章　自控系统常见故障判断与处理

本章主要对自控系统硬件故障、自控系统监控数据异常、自控系统联动故障、自控系统通信故障以及异常关断故障的判断与处理措施进行详细的分析和描述，为油气田相似自控系统故障的判断与处理提供借鉴。

第一节　自控系统硬件故障

一、PCS 系统 AI 卡故障

1. 故障描述

某日，YB×× 场站人员发现场站 SCADA 系统监控计算机人机界面、中心控制室相应场站监控画面部分 PCS 系统数据掉线。

2. 原因分析

通过检查发现掉线的所有数据均接入了同一块 AI 卡，进入机柜间检查机柜内卡件的状态，发现该卡件 F 报警灯亮红色，因此判断是由于该卡件报故障导致该卡件通道停止工作，最终导致由该卡件采集的数据丢失。

3. 故障处理

（1）用万用表测量供电回路，确认是否因为接线及卡件松动导致回路未能正常供电，如无问题则将故障卡件拆下重新插拔，观察故障现象是否消失，若还存在故障，则判断为卡件或其底座由于外部回路故障或质量问题而损坏，可以采用排除法对故障点进行查找。

（2）若由于供电回路接线未接好或存在虚接的情况，则重新接线后对卡件进行热插拔。

（3）若为卡件松动，则直接对卡件进行热插拔并进行紧固处理。

（4）若由于卡件或其底座外部回路故障或质量问题损坏而导致的卡件故障，则需更换卡件和底座。

4. 经验教训

（1）加强关井时的设备日常保养工作，利用保养时间对各卡件进行全面检查，确保卡件安装牢靠。

（2）加强日常巡检并认真做好相关记录，发现卡件或其他系统设备报警后及时处理；加强机柜间的环境卫生管理，确保机柜间内温度、湿度、粉尘等符合要求。

二、SIS 系统 AI 卡通道故障

1. 故障描述

某日，系统作业人员在 YB×× 场站日常巡检作业中，对场站 SCADA 系统人机界面相关监控数据点进行检查，发现 ESD 系统通道检测画面部分设备回路显示“SIS 通道故障”。

2. 原因分析

（1）直接原因：“通道故障”为 SIS 系统 AI 卡件的通道自诊断机制，当 AI 卡件回路内的电流值低于 3.64mA（正常回路为 4mA）时，系统便认为该通道存在故障，便发出报警提示，提醒维保人员注意。

（2）间接原因：该回路从现场设备至系统卡件通道接线处的任何设备故障或未投入运行均会导致该现象的发生，例如卡件本身通道损坏、机柜内回路刀闸未合闸、浪涌或保险烧坏、现场表头电流值下降、现场表头其他故障等。

3. 故障处理

（1）用万用表测量 SIS 通道内电流值是否低于 3.64mA，确认故障是否真实存在。

（2）现场仪表专业人员检查该通道所接的现场仪表是否已安装，若已安装则检查是否工作正常。

（3）检查该通道是否合闸，检查保险丝、浪涌保护器、接线点是否牢固、是否烧毁。

（4）各个设备均无故障后可以将该回路接入其他备用通道，用来检测卡件通道是否存在故障，如果卡件通道存在故障则需要更换通道，无备用通道则需要更换卡件。

4. 经验教训

（1）定期对 ESD 系统诊断画面进行检查，发现 SIS 通道故障及时对故障进行处理。

（2）加强日常设备及系统状态画面的巡检，及时发现问题。

（3）加强与场站操作人员的沟通，定期排查、清理“通道报警”设备，对于发现但无法处理的问题，及时做好相关原因的记录并采取相关预防措施。

三、SIS 系统控制器故障

1. 故障描述

某日，YB×× 场站下挂的 ×× 隧道远程 IO 系统投用后，该站 SIS 系统备用控制器 F 灯常亮报错。

2. 原因分析

（1）元坝各场站无论 PCS 还是 SIS 控制器均为一备一用互为冗余控制器，当两个控制器之间通信中断或检测到下挂设备不一致时，会导致两个控制器无法冗余而报错。

（2）在控制器正常运行过程中，控制器之间的冗余排线、通信网络故障或控制器与底座之间的接触不良也会导致控制器报错。

（3）考虑到是××隧道远程IO设备投用后才导致的YB××场站控制器报错，可以初步分析故障点应该在远程设备上或者场站至远程设备的通信网络上。

3. 故障处理

（1）首先检查远程设备的连接情况，确保各个环节连接紧固，无虚接现象。

（2）使用排除法排除通信模块的故障，即使用全新设备替换原有设备，检查原有设备是否存在故障，该过程均未发现设备存在异常。

（3）使用专业检测设备检查光纤通信网络，发现备用控制器使用的通信光纤至刘家湾隧道光损失较为严重，初步判断该光纤已经折断或损坏。陆续检查剩余的4根备用通信光纤后发现均正常，替换原有光纤，并对现场设备检查确认无异常，上电投用后该场站SIS控制器未出现再次报错现象，故障消除。

4. 经验教训

（1）加强现场设备使用通信网络的检查。

（2）设备投用前做好各个辅助设备的调试、检查。

（3）做好关键设备的日常巡检工作，并做好巡检记录，确保设备正常、平稳运行。

四、控制器电池故障

1. 故障描述

某日，系统专业维护人员在对YB××场站日常巡检维护工作中，发现PCS控制柜内位号CP-B，控制器LED状态指示灯电池运行灯非正常闪烁。

2. 原因分析

（1）“B”灯为控制器的外部电池供电状态指示灯，在外接电池或外装电池供电正常的情况下该灯绿色常亮，非正常的情况下该灯呈现绿色闪烁状态。

（2）控制器电池损坏或电池损耗电量不足（一般在电池生产、使用的过程中有着一定的时间期，或电池本质存在缺陷导致电池无法到使用期限，一般为3年）。

（3）电池与控制器接线插口接触不良或有松动。

（4）控制器内部自检存在故障。

3. 故障处理

（1）将出现故障的控制器切换成备用状态，将控制模件下端的外壳掀开，取出电池并用万用表检测该电池电压，检测电压值为0.5V（正常为3.6V），确认电池电量过低。

（2）将新的电池拆开封装并用万用表检测确定电压为3.6V后，将电池放入电池槽中，电池的“+”极朝上（有金属卡片的一端向外倾斜，另一端处于电池槽底部），按住电池并朝内挤压卡住，封装电池盖板，电池更换完成后检查确认控制器LED指示灯正常。

4. 经验教训

（1）加强日常巡检，发现类似问题及时汇报并处理，同时做好相关设备的备品备件申报工作，保证库存（在更换前检查备件的生产时间与电量）。

（2）建议在场站检修维护中注意检查电池的使用时间，并检查电源电量是否符合要求，对不合格的电池及时进行更换，以确保开井生产时的设备平稳运行。

五、仪表回路供电故障

1. 故障描述

某日，某仪表回路出现供电故障，导致现场仪表数据与远传数据均无显示，用万用表测量电压显示 0V。

2. 原因分析

（1）机柜端子排至卡件通道内，存在故障点或虚接。

（2）控制回路的有源、无源选择错误。

（3）浪涌通道被烧坏。

（4）电缆破损，存在接地情况。

3. 故障处理

（1）检查通道、保险、浪涌是否带电，根据找到的故障点进行更换或做紧固处理。

（2）检查控制回路的有源与无源选择是否错误，若错误则修改。

（3）检查浪涌是否烧毁，若烧毁则更换。

（4）检查回路电缆是否存在接地现象，若接地则查找接地点，并整改。

4. 经验教训

在调试期间做好通道端子的紧固，检查好回路电缆是否有接地现象，提前预防、提前整改。

六、SIS 系统 DO 卡供电故障

1. 故障描述

某日，中控室手操台指示灯全部熄灭，SIS 系统事件列表中所有带诊断功能的通道均显示“SIS 通道报警”，持续数秒后恢复正常，场站 SIS 系统发生该现象后，将导致现场所有阀门电磁阀掉电，若中控室 SIS 系统发生该现象，将直接导致净化厂与首站关断。

2. 原因分析

（1）SIS 机柜第一块卡件与底座出现松动损坏等问题，将导致位于其下面的所有卡件掉电。

（2）站头的三个组成部分：①控制器至站头通信模块的 Module Bus 总线光纤；②站头底座；③站头通信模块。此三部分任意一部分出现问题将直接导致通信模块报错，致使卡件掉电。

3. 故障处理

（1）检查 SIS 机柜第一块卡件，对其进行热插拔并紧固。

（2）检查站头模块各部件是否有松动，有松动则紧固，未发现松动则对站头模块的

整体部件进行更换。

4. 经验教训

在调试过程中，确认好SIS机柜的站头模块与第一块卡件的安装质量，做到稳固不松动，各类接线重新进行紧固，保证不出现任何松动现象。

七、SIS 系统安全模块不冗余

1. 故障描述

某日，在 YB×× 场站 SIS 系统机柜进行巡检的过程中，发现与 SIS 控制器配套的两个安全模块不冗余，同步灯未亮起，等同于只有一个安全模块在工作。

2. 原因分析

（1）未冗余的安全模块与其底座接触不良。

（2）由于通信波动，导致两个控制器通信信息不同步，致使安全模块不同步，因而出现不冗余现象。

（3）未冗余的安全模块本身存在故障，如其内部电路板故障、芯片故障等。

3. 故障处理

（1）在场站流程中各类自控阀门已经进行就地屏蔽的情况下，对安全模块进行热插拔，即对安全模块进行手动同步，成功冗余后再进行切换测试。

（2）请通信专业人员配合检查场站的工业以太网通信情况，查看是否存在严重的掉包情况或网络断开情况，并及时整改，整改后再对安全模块进行手动同步与切换测试。

（3）若为安全模块本身故障则直接更换新的安全模块，再进行手动同步与切换测试。

4. 经验教训

（1）做好各场站安全模块的巡检工作，发现问题及时整改。

（2）工业以太网网络质量对安全模块的冗余影响较大，应加强对网络质量的监控。

（3）在进行手动同步后，务必要进行切换测试，防止假冗余。

八、手操台按钮失效

1. 故障描述

某日，YB×× 场站在用手操台复位按钮对场站进行系统复位时，发现一直无法复位成功，按钮功能失效。

2. 原因分析

（1）按钮接线松动，接触不良。

（2）在该按钮的通道回路中某处存在故障，如浪涌损坏、保险烧毁等。

（3）连接该按钮的卡件存在故障，如供电故障、通道故障等。

（4）按钮的程序存在问题。

3. 故障处理

（1）检查按钮接线情况，查看是否有虚接，以及接触不良等情况，有则重新连接紧固。

（2）检查按钮通道回路是否存在故障，用万用表测量回路的通断及电压情况，逐一排除浪涌、保险、接线问题。

（3）查看卡件是否存在报警，有则对卡件进行热插拔或重新更换。

（4）检查相应按钮的程序编写是否有误，有则进行修改并重新下载程序，完成相应测试。

4. 经验教训

加强手操台的巡检，平时注意查看关键按钮接线是否松动，发现问题及时整改，在问题处理的过程中注意防止系统误动作。

九、场站操作员站计算机死机

1. 故障描述

某日，YB×× 场站操作员站计算机死机，无法进行画面切换，无法进行人机界面的任何操作。

2. 原因分析

（1）操作计算机本身存在故障，硬件老化导致卡死。

（2）操作员站 SCADA 服务软件运行时间过长，处理数据量过大，内存缓存过多，导致 SCADA 服务程序卡死，无法进行控制操作。

3. 故障处理

（1）对内存进行清理，观察死机情况是否有所改善。

（2）重启操作员站 SCADA 服务程序，观察死机情况是否有所改善。

（3）若前两步操作后没有改善，则重启计算机，观察死机情况是否有所改善。

4. 经验教训

（1）利用巡检时间定期清理各个场站操作员站计算机 C 盘垃圾与内存垃圾，防止因内存占据过大而死机。

（2）定期进行操作员站清灰，防止器件因进灰产生故障。

第二节　自控系统监控数据异常故障

一、SCADA 系统监控界面 MODBUS 协议类数据掉线

1. 故障描述

某日，SCADA 系统人机界面通过 MODBUS 协议采集的数据掉线，显示横线，如加热

炉数据、井口数据、流量计数据等。

2. 原因分析

（1）现场至系统串口服务器、系统通道存在故障，导致数据无法通过串口服务器通信至 SCADA 数据库。

（2）现场第三方智能设备的控制器或仪表存在故障，导致数据点无法被串口服务器及 SCADA 数据库采集。

3. 故障处理

（1）检查第三方智能设备的 PLC 机柜或相应智能仪表至 SCADA 系统的串口通信是否正常，无问题则检查现场表头至 PLC 机柜接线端子的通信，可以使用 MODSCAN 软件在可移动计算机中进行数据扫描，检测数据是否被扫描到，如果数据无法被正常扫描到，则说明现场表头或通信电缆存在故障。

（2）在机柜内和现场分别对电缆进行检查，校验确认电缆无故障。

（3）检查现场第三方智能设备，若发现通信模块无电压输出，但是表头能正常显示，说明通信模块存在故障，可尝试修复，若无法修复则需更换新的通信模块。

4. 经验教训

（1）加强通信设备的检查，定期对现场运行设备进行检查。

（2）雷雨季节要加强机柜内的防雷、防雨及防小动物的措施。

二、场站 PCS 系统、SIS 系统数据掉线

1. 故障描述

某日，YB×× 场站 PCS 系统、SIS 系统数据全部掉线，人机界面相应数据点划横线或显灰色。

2. 原因分析

（1）控制器运行故障，导致控制器采集的数据未正常输出至 SCADA 数据库内。

（2）OPC 文件被损坏，导致 SCADA 数据库的 OPC 服务无法与控制器建立连接，因而无法采集到控制器内部的数据。

（3）SCADA 服务器运行异常，当 SCADA 数据库内检测到错误而无法自行消除，或者由于外部因素导致 SCADA 服务器停止运行后，所有的数据均会掉线。

3. 故障处理

（1）检查控制器是否发生故障，若为控制器故障则重新启动控制器，重新下载安装程序。

（2）检查 OPC 文件是否损坏，若 OPC 文件被损坏则重新拷贝最新 OPC 文件。

（3）当检查 SCADA 运行日志时发现，由于网络不稳定导致日志内产生大量报错信息，大部分数据丢失，由于数据库无法处理如此大量的数据，导致 SCADA 服务器崩溃而产生

了掉线，重启 SCADA 服务器，将网络状态恢复至正常状态后可消除当前掉线状态。

4. 经验教训

（1）定期切换 SCADA 服务的主、备服务器，下载程序后及时对 OPC 文件进行更新。

（2）关注工业以太网网络状态，发现异常情况及时配合处理。

二、中心控制室监控数据划横线或显灰色

1. 故障描述

中控室 SCADA 人机监控界面发生部分场站监控数据掉线，经检查每个掉线场站均有小部分数据正常显示（如井口数据、流量计数据），而相应场站的人机监控界面未发生数据掉线现象。

2. 原因分析

（1）由于场站未发生数据掉线现象，可排除由于场站原因导致的中控室数据掉线，因此得出结论是由于控制中心自身原因导致部分数据掉线，中心监控数据是从中心服务器中读取数据的，可以判定是由于与服务器的数据交换发生故障而引起的。

（2）由于是部分场站的部分数据掉线，并不是所有数据掉线，因而排除通信中断的可能。

（3）在发生数据掉线前，曾大量调取数据库中的历史数据，将中控室 SCADA 数据库中大量历史数据文件恢复成在线状态，因此分析数据掉线原因是在读取大量历史数据时，由于数据量太庞大，中心服务器负荷过高，此时对服务器工作进程进行刷新后，由于在线数据量太大导致服务器数据交换滞后，部分场站的部分数据没有及时从服务器中读到，因而出现了部分数据掉线的现象。

3. 故障处理

（1）将当日恢复成在线的历史文件的所有历史数据文件由 Online 转为 Offline，观察掉线数据恢复情况。

（2）检查中控室两台服务器的工作状态，发现服务器 2（SV2）的工作状态为 Fail，对该服务器进行重新启用。

（3）对仍未正常的数据进行重新刷新扫描，使其恢复正常，在对数据重新进行刷新扫描时，可以采用场站切换服务器的方式，相当于对该站所有数据进行了重新刷新扫描，比单点扫描效率更高。

4. 经验教训

（1）加强对调取历史文件的管理，严禁在同一时间大量调取已经下线很久的历史数据。

（2）若需要大量调取已下线的历史数据，需分成小时间段进行调取，并在调取历史数据的过程中，加强对人机界面的监控，发现问题立即停止操作。

四、SCADA 监控画面点位无数据或显示满量程

1. 故障描述

某日，SCADA 监控画面点位出现无数据或显示满量程。

2. 原因分析

（1）现场仪表回路不通。

（2）回路保险被烧毁。

（3）现场仪表损坏。

3. 故障处理

（1）检查回路接线是否存在松动或断点，有松动则紧固，有断点则重新接线。

（2）检查机柜内保险是否烧毁，若烧毁则更换保险。

（3）检查现场仪表是否存在故障，对仪表进行维修或更换。

4. 经验教训

在处理故障时，与现场仪表专业人员在作业前做好沟通，按照规范进行相应操作，避免不必要的设备损坏。原则上，先排除现场仪表故障，再检查系统故障。

五、场站一台 SCADA 监控计算机故障

1. 故障描述

某日，YB×× 场站其中一台 SCADA 监控计算机关机后，另一台 SCADA 监控计算机在正常情况下应能够正常监控生产流程数据，却出现了所有监控数据掉线的现象，只有当重启已关机的计算机后，数据才恢复。

2. 原因分析

两台 SCADA 系统监控计算机的 SCADA 冗余服务未正确启动。

3. 故障处理

启动 SCADA 冗余服务，并立即进行切换实验，保证在一台计算机关机后，另一台 SCADA 监控计算机数据正常。

4. 经验教训

在调试期间，应检查各场站两台 SCADA 监控计算机的冗余服务是否已经正常启动。调试完成后，需要定期、定时检查 SCADA 服务运行情况，进行冗余情况检查，并手动进行切换。

六、中心控制室与场站人机界面阀门状态不一致

1. 故障描述

某日，中心控制室阀门状态与场站人机界面状态不一致，为颜色相反或出现异常颜色

（白、灰、蓝）的状态。

2. 原因分析

（1）中心控制室所有的数据均是读取至场站数据采集器的 SCADA 数据库的数据，SCADA 数据传输至中心控制室的方式为定期或中断通信后自动完全更新的方式。

（2）受网络因素的影响，当数据在同步过程中网络质量变差时，会导致小部分数据丢失而未同步至中心控制室，导致其显示异样或异常的情况。

3. 故障处理

（1）核对场站该状态点的真实状态，确认无误。

（2）检查当前场站至中心控制室的网络状态。

（3）登录场站数据库，将所有数据手动完全更新至中心控制室。

4. 经验教训

（1）加强与中心控制室人员沟通，发现异常情况及时处理。

（2）定期联合通信专业人员一起测试各个场站及中心控制室的网络质量。

七、场站与控制中心人机监控界面数据掉线

1. 故障描述

某日，YB×× 井操作人员重启数据采集器后，该站人机界面监控数据出现掉线情况，同时控制中心相应界面也出现掉线情况。

2. 原因分析

（1）由于数据采集器在重启前数据监控正常，可以排除控制器、卡件突然报错的故障原因。

（2）场站的 PCS 系统、SIS 系统数据采集的方式是场站的数据采集器通过 OPC 文件读取控制器内的数据，中心控制室则是通过读取场站数据采集器的数据来显示。

（3）场站出现数据掉线说明故障点在场站，重启后才出现掉线说明应该是由于重启数据采集器前未关闭相关服务，导致启动后对应的 OPC 文件未自动连接成功，引起了场站对应的 PCS 或 SIS 数据掉线，从而导致中心控制室也无法采集到数据。

3. 故障处理

（1）打开 OPC 文件检查其运行状态，将 PCS、SIS 控制器的 OPC 进行手动连接。

（2）OPC 连接完成后若数据仍然无法恢复则登录场站 SCADA 数据库，将 OPC 的 Route、Network、Device 手动禁止扫描后恢复扫描，完成一轮次的刷新。

4. 经验教训

（1）加强与场站人员的沟通，在非关键的情况下应当禁止场站操作人员重启或关闭火炬采集器。

（2）及时巡查场站服务器等数据采集设备的运行状态，发现异常情况及时处理。

（3）在进行系统专业巡检时，定期重启场站数据采集器，防止采集器内存占用过多导致的监控计算机卡滞现象。

八、SCADA 系统人机界面无法登录

1. 故障描述

某日，在登录 SCADA 系统人机界面时无法登录，提示“系统登录失败”。

2. 原因分析

（1）场站 SCADA 人机界面连接的是 SCADA 数据库，当数据库服务未启动时，或密码、用户名输入错误均无法登录。

（2）中心控制室连接的是两个 SCADA 服务器数据库，当数据库服务未启动时，或密码、用户名输入错误也无法登录。

（3）中心控制室人机监控界面更新采用的是自动连接服务器数据库检测自动更新，该更新过程被中断后再次登录时需要重新选择需要更新的文件，等待更新完成后方可登录人机界面。

3. 故障处理

（1）检查场站或中心控制室的 SCADA 服务器是否正常启动。

（2）检查输入的登录 HMI 人机界面用户名、密码是否错误。

（3）若为中心控制室人机界面更新，等待更新完成，输入正确的用户名、密码后正常登录 HMI 界面。

4. 经验教训

（1）对人机界面的修改与更新要提前与场站操作人员做好沟通，提示其更新过程中勿人为手动中断。

（2）加强与场站操作人员的沟通，做好基本操作的告知义务，紧急情况下重启服务器后，第一时间对各项 SCADA 服务进行检查，并启动未启动的服务。

九、中心控制室所有监控数据掉线

1. 故障描述

某日，中心控制室操作计算机所有监控画面出现数据掉线情况，气田所有场站数据均无法在中心控制室监控画面上显示。

2. 原因分析

（1）所有场站的站控系统出现故障（概率较小）。

（2）中心控制室 SCADA 总服务器死机或崩溃。

（3）中心控制室工业以太网核心交换机死机或崩溃。

3. 故障处理

（1）通过对讲机询问场站现场监控计算机的人机界面监控数据是否正常，若正常则排除所有场站站控系统故障的原因。

（2）检查中心控制室的 SCADA 总服务器工作情况，若死机则进行重启，重启后按操作规程启动相应软件服务，若工作正常则进行下一步工业以太网的检查。

（3）检查中控室工业以太网核心交换机工作情况，发现核心交换机报故障，联合通信专业人员共同排查故障原因，逐步恢复核心交换机的正常工作，网络恢复后对各个场站数据进行刷新扫描，直至中控室所有监控画面数据正常。

4. 经验教训

（1）当发生中控室监控计算机所有监控数据掉线时，最大的可能是 SCADA 服务器故障或中心工业以太网网络故障，应优先查找这两个原因。

（2）对进入工业以太网的新设备的配置要仔细检查，不能因为一个新设备的接入导致整个网络崩溃。

第三节　自控系统联动故障

一、节流阀不能远程控制

1. 故障描述

某日，YB××场站二、三级节流阀无法通过 SCADA 系统进行远程控制，命令从人机界面下发后，现场阀门无反应。

2. 原因分析

（1）二、三级节流阀供电线路断开。

（2）二、三级节流阀未切换至 SCADA 系统控制，控制权限在加热炉机柜。

（3）现场阀门报警，造成阀门本身不能动作。

（4）二、三级节流阀处于就地控制方式。

3. 故障处理

（1）检查阀门供电是否正常，若不正常则检查现场防爆接线箱并进行处理。

（2）在加热炉 PLC 控制柜面板上查看二、三级节流阀控制方式，若为就地方式则改为 SCADA 控制方式。

（3）现场检查二、三级节流阀阀门面板是否存在报警信息，若存在则消除报警信息。

（4）现场检查二、三级节流阀是否处于就地“LOCAL”控制方式，若处于就地控制方式，则改为远程“REMOTE”控制方式。

4. 经验教训

在处理问题前，仔细考虑造成此类故障的原因，并逐一排除故障原因，最终解决故障。

二、分水分离器 LV 阀不能远程控制

1. 故障描述

某日，YB×× 场站采气工在对分水分离器进行远程排液时，发现 LV 阀无法通过 SCADA 系统进行远程控制。

2. 原因分析

（1）该 LV 阀供电线路断开。

（2）该站站控系统当前无控制权，控制权限在中心控制室。

（3）现场阀门本身存在故障，如执行机构卡死等，造成阀门本身不能动作。

（4）该 LV 阀处于就地控制方式，现场未切换至远程控制方式。

3. 故障处理

（1）检查阀门供电是否正常，若不正常则检查现场防爆接线箱并进行处理。

（2）在人机界面上查当前控制权限为站场控制还是中心控制，若为中心控制则进行站控抢夺，切换为站场控制。

（3）到现场对阀门进行手动开关，若手动仍无法进行开关则考虑阀门本身存在故障。

（4）现场检查 LV 阀是否处于就地控制方式，若处于就地控制方式，则改为远程控制方式。

4. 经验教训

在处理问题前，仔细考虑造成此类故障的原因，并逐一排除故障原因，最终解决故障。

三、机泵无法远程启停

1. 故障描述

某日，操作人员在人机界面操作远程启动现场机泵时，现场机泵不动作。

2. 原因分析

（1）SCADA 系统人机界面至系统机柜内的 DO 卡件命令未输出至现场。

（2）SCADA 系统至现场设备之间的控制电缆存在故障点，导致现场设备无法接收到启泵命令。

（3）现场泵控制设备存在故障，控制设备在接收到启泵命令后，启泵失败。

3. 故障处理

（1）首先检查操作人员操作过程是否正确，机柜内的启泵回路是否均处于投用状态。

（2）尝试启泵，并在 SCADA 系统内保持启泵命令，依次检查系统机柜内的卡件是否有输出指示，继电器是否有输出指示，以及现场泵体的控制回路是否收到 SCADA 系统发出的启泵信号。

（3）通过检查发现现场设备收到了启泵信号，但是由于现场控制启泵的中间继电器

活动不灵敏，导致继电器带电后原本应该闭合的回路未闭合，现场设备不动作，更换新的继电器后，尝试启泵正常，故障消除。

4. 经验教训

（1）加强人员操纵培训，做到操作步骤正确。

（2）对于不常用的设备要定期做好功能测试，确保设备平稳运行。

四、人机界面所有阀门远程控制面板显示灰色

1. 故障描述

YB×× 场站 SCADA 监控计算机的监控界面所有阀门的调节面板显示灰色（如二、三级节流阀调节面板、LV 阀调节面板等），无法进行阀门开度的调节。

2. 原因分析

计算机显示“中心控制”，中心控制室或集中监控中心进行了“站控抢夺”，在“中心控制”的状态下场站无法进行操作，只具备查看的权限。

3. 故障处理

如果需要在场站 SCADA 监控界面进行相应阀门的调节操作，需在场站 SCADA 监控计算机界面按下“站控抢夺”按钮并输入正确的密码，当显示为“站场控制”后可以进行相应的操作。

4. 经验教训

在调试过程中，要与集中监控中心、中控室做好信息沟通，明确权限所在。当使用 SCADA 监控计算机时，注意观察目前是中心控制还是站场控制，同时加强 SCADA 系统操作手册的学习。

五、工艺流程已经达到触发点，但系统逻辑未正常触发

1. 故障描述

某日，系统（通常为 SIS 系统）的某一逻辑回路已经达到触发点，但无触发结果输出，如分水分离器液位达到低低值时，未正常触发分水分离器液相 ESDV 阀关闭。

2. 原因分析

（1）逻辑触发值设置错误。

（2）程序错误或不完善。

（3）被触发的设备已被系统内超驰或强制。

（4）联锁设备在现场被设置成就地控制模式。

3. 故障处理

（1）检查程序和触发值，针对错误进行处理。

（2）检查程序是否存在错误，修改编译后重新测试。

（3）查看 SIS 上位机是否将该设备强制或超驰，若有则取消。

（4）检查现场阀门或设备是否打为就地控制模式，若是则将其设置为远程控制模式。

4. 经验教训

在调试期间，对系统关键设备或程序改变或维修做好相关资料的备案工作。当测试系统逻辑时，做到仔细认真、面面俱到，防止出现逻辑程序上的错误，对设置值进行统一检查并记录。

六、ESDV 截断阀现场无法复位

1. 故障描述

某日，发生场站 ESD-3 保压关断后，系统手操台已进行复位且确认复位成功，但 ESDV 现场却无法复位，不能正常将 ESDV 阀复打开。

2. 原因分析

（1）对该 ESDV 阀门进行了强制关闭输出信号。

（2）机柜内该回路的电磁阀为断开状态。

（3）该回路保险被烧毁。

（4）该回路浪涌被烧毁。

（5）电磁阀设备损坏，导致阀门的电磁阀带电无法吸合。

3. 故障处理

（1）取消阀门强制信号。

（2）检查机柜内回路是否连通完好。

（3）更换保险。

（4）更换浪涌。

（5）更换电磁阀。

4. 经验教训

在调试过程中，与中控室、集中监控站等进行信号超驰与强制操作的部门做好信息沟通工作，明确各自控阀门在系统内部的状态，定期活动关键设备，保证设备的正常、可靠运行。

七、紧急放空阀 BDV 现场无法复位

1. 故障描述

某日，发生场站 ESD-3 三级泄压关断后，系统手操台已进行复位且确认复位成功，但现场 BDV 阀却无法复位，不能正常将 BDV 阀打压关闭。

2. 原因分析

（1）对该 BDV 阀门进行了强制打开输出信号。

（2）机柜内该回路的电磁阀为断开状态。

（3）该回路保险被烧毁。

（4）该回路浪涌被烧毁。

（5）电磁阀设备损坏，导致阀门的电磁阀带电无法吸合。

3. 故障处理

（1）取消阀门强制信号。

（2）检查机柜内回路是否连通完好。

（3）更换保险。

（4）更换浪涌。

（5）更换电磁阀。

4. 经验教训

在调试过程中，与中控室、集中监控站等进行信号超驰与强制操作的部门做好信息沟通工作，明确各自控阀门在系统内部的状态，定期活动关键设备，保证设备的正常、可靠运行。

八、支线关断触发后，部分场站二、三级节流阀未关闭

1. 故障描述

某日，在进行 ×× 阀室探头校验时，由于未超驰探头导致两个及以上探头检测到高高触发 ×× 支线关断，但是少部分场站执行三级关断后，二、三级节流阀未关闭。

2. 原因分析

部分二、三级节流阀未关闭的原因是现场阀门在设置成就地状态后未及时恢复至远程控制状态，导致系统内的关断信号发出后现场阀门不动作。

3. 故障处理

现场设置成“远程控制”，然后进行三级关断测试，阀门可以正常关闭。

4. 经验教训

（1）及时做好现场设备的检查，确保运行状态正确。

（2）在条件允许的情况下，定期对场站进行三级关断测试，做好测试记录。

九、场站 ESD 关断联锁结果与设计的联锁结果不符

1. 故障描述

某日，YB×× 场站在进行投产前关断测试过程中，发现场站 ESD-3 泄压关断联锁结果与设计不符，未按照设计联锁 BDV 阀起跳、切断燃料气 ESDV 阀与停市电等。

2. 原因分析

（1）现场 BDV 阀或 ESDV 阀联锁回路存在问题，导致其无法收到信号。

（2）控制器软件程序中未编写联锁 BDV 阀起跳与燃料气 ESDV 阀关闭的程序语句。

（3）关断按钮逻辑链接错误，将泄压关断按钮触发结果链接成了保压关断联锁结果。

3. 故障处理

（1）检查现场阀门是否存在故障，是否屏蔽，检查阀门回路是否存在故障并处理。

（2）检查控制器中的逻辑程序是否存在漏项，是否未编写 BDV 阀起跳等程序，若缺少程序则重新编写并下载安装。

（3）检查程序中关断按钮的链接逻辑是否正确，最终检查出问题为将泄压关断按钮的联锁逻辑链接成了保压关断，导致在泄压关断按钮按下后，执行的是保压关断的联锁。

4. 经验教训

在调试过程中，注意检查各关断按钮的逻辑程序，确保链接为正确的逻辑。同时，在进行关断测试前，先确认现场阀门的状态，确保联锁阀门没有机械屏蔽，并确保联锁阀门回路正常没有故障。

第四节　自控系统通信故障

一、井口控制柜 PLC 无法与 SCADA 系统通信

1. 故障描述

某日，井口控制柜 PLC 与 SCADA 系统出现通信故障，无法与 SCADA 系统进行数据交换，主要表现为 SCADA 监控界面井口所有远传数据掉线。

2. 原因分析

（1）串口服务器的井口控制器通道的配置不正确。

（2）SCADA 系统中井口控制系统的 Network、Device 配置与井口控制柜的设备地址不相符。

（3）故障数据点的波特率、起始位置、设备地址、数据类型等单个地址不正确。

（4）串口服务器设备整体损坏或连接井口控制柜的通道损坏。

（5）井口控制柜 RS485 通信模块的信号浪涌被烧毁。

3. 故障处理

（1）检查串口服务器井口控制柜通道配置是否存在错误，若有则修改正确。

（2）检查井口控制柜 PLC 系统的相关参数，与 SCADA 系统的设置参数进行对比，查看 SCADA 系统的相应配置是否与之相符，并修改系统内配置错误的地方。

（3）检查单点波特率、起始位置、设备地址、数据类型等是否正确并修改。

（4）检查串口服务器、浪涌、现场接线箱、现场仪表之间是否有故障点，是否存在

通道或浪涌被烧坏的现象，若损坏则进行更换。

4. 经验教训

在对井口控制柜进行调试期间，就认真做好设备的各项检查，包括紧固端子、单通道信号通信等基础工作，调试过程中确保相关设置均正确。

二、加热炉控制柜 PLC 无法与 SCADA 系统通信

1. 故障描述

某日，加热炉控制柜 PLC 与 SCADA 系统出现通信故障，无法与 SCADA 系统进行数据交换，主要表现为 SCADA 监控界面加热炉的所有远传数据掉线，SCADA 系统无法对二、三级节流阀进行远程控制。

2. 原因分析

（1）串口服务器的加热炉控制系统通道的配置不正确。

（2）SCADA 系统中加热炉控制系统的 Network、Device 配置与井口控制柜的设备地址不相符。

（3）故障数据点的波特率、起始位置、设备地址、数据类型等单个地址不正确。

（4）串口服务器设备整体损坏或连接加热炉控制系统的通道损坏。

（5）加热炉控制系统 RS485 通信模块的信号浪涌损坏。

3. 故障处理

（1）检查串口服务器加热炉控制系统通道配置是否存在错误，若有则修改正确。

（2）检查加热炉控制系统的相关参数，与 SCADA 系统的设置参数进行对比，查看 SCADA 系统的相应配置是否与之相符，并修改系统内配置错误的地方。

（3）检查单点波特率、起始位置、设备地址、数据类型等是否正确并修改。

（4）检查串口服务器、浪涌、现场接线箱、现场仪表之间是否有故障点，是否存在通道或浪涌被烧坏的现象，若损坏则进行更换。

4. 经验教训

在对加热炉控制系统进行调试期间，就认真做好设备的各项检查，包括紧固端子、单通道信号通信等基础工作，调试过程中确保相关设置均正确。

三、配电柜与 SCADA 系统的通信故障

1. 故障描述

某日，YB×× 场站配电柜 MODBUS 通信数据无法被 SCADA 系统串口服务器采集，通信连接出现故障。

2. 原因分析

（1）串口服务器通道故障，数据传输电缆正、负极接线错误，与通信相关参数设

置错误，通信回路内对应的设备存在故障，均能导致数据无法被采集。

（2）对应的设备设计缺陷或无法与第三方设备匹配，也会导致数据传输故障。

3. 故障处理

（1）首先采用排除法排除串口服务器的通道故障；其次检查数据传输电缆是否存在断电或电阻值异常的情况；检查 SCADA 数据库内的参数配置情况；检查设备运行情况，均未发现异常。

（2）查看配电柜的数显表，修改部分通信设置，发现说明书标称的支持到最高的通信波特率为 19200Bb，但在现场实际应用过程中发现：当波特率高于 6400Bb 后，便无法与串口服务器建立正常的通信，在数显表上将波特率设置为中间值 4800Bb 后数据通信正常。

4. 经验教训

对于第三方设备的通信方式要了解透彻，各项数据应当以实际应用过程中的数据为准，不可完全相信理论值。

四、智能仪表与 SCADA 系统的通信故障

1. 故障描述

某日，YB×× 场站某智能设备与 SCADA 通信一直处于故障状态，SCADA 数据库 Device 显示“No Response”（无反应）。

2. 原因分析

（1）该智能设备通信模块本身存在故障。

（2）串口服务器故障。

（3）串口服务器配置错误。

（4）该智能设备使用 9600Bb 及以上的波特率在 MOXA 串口服务器上无法被正常转换，若要被正常读取则需将波特率设置成 4800Bb 及以下。

3. 故障处理

（1）检查串口服务器配置、接线、SCADA 数据库的 Route、Network、Device 的配置，确认不存在设置问题并进行数据通信，无法通信成功。

（2）断开与 SCADA 数据库通信，用安装了 Modsan 软件的计算机直接对数据进行抓包，数据能扫描上来，基本确认数显表能通信成功。

（3）重新连接 SCADA 数据库并对串口服务器端口进行更换，重新扫描，无法通信成功，将其他设备的通信更换至此通道能正常通信，确认串口服务器端口无问题。

（4）为排除配电柜至系统机柜的通信电缆故障，分别从配电柜的接线端子及数显表直接敷设临时电缆并拉至串口服务器的相应端口，仍然无法通信成功。

（5）尝试更改数显表默认设置的通信地址、波特率等参数，当将设备的波特率由

默认的 9600Bb 修改为 4800Bb，并将串口服务器通信设置成相同的波特率再次通信时，SCADA 数据库“Device”显示通信正常。

4. 经验教训

（1）加强相关专业及设备的知识储备和学习，淡化专业之间的界限，加强专业之间的交叉培训工作，提高协同分析、处理故障的能力。

（2）制定奖惩制度、故障处理跟踪制度，提高作业人员的责任心。

（3）加强班组的故障处理教育培训，提高作业人员的动手及故障分析能力。

五、SCADA 系统 A/B 网无法切换

1. 故障描述

某日，SCADA 系统 A/B 网无法切换，A 网故障后未正常切换到 B 网读取数据，导致中控室 / 集中监控站 SCADA 监控计算机人机界面监控数据掉线，数据采集中断。

2. 原因分析

（1）网络参数设置错误。

（2）站内工业以太网交换机故障停机。

（3）工业以太网网络故障。

（4）SCADA 监控计算机 B 网 IP 地址设置错误。

3. 故障处理

（1）系统人员到达监控中心，通过使用软件 CMD 对场站上控制器和数据采集器进行网络测试。

（2）测试显示数据中断现象频次出现较高，由通信专业人员检查网络设置，检查工业以太网交换机工作情况，可重启 400 交换机。

（3）通过 CMD pingA 网和 B 网相关地址，明确是否整改网络已存在故障，若均无法 ping 通，则及时联系通信专业人员做进一步检查。

（4）检查各站 SCADA 监控计算机 B 网 IP 设置是否与设计相符，发现问题及时修改，并手动切换测试。

4. 经验教训

在调试期间，调完一个站便对这个站的 SCADA 系统的 A/B 网切换进行测试，保障 SCADA 系统能够在 A 网出现故障时及时切换到 B 网。系统专业人员也应了解并跟进工业以太网的调试情况，发现问题后要及时进行沟通协作处理。

六、控制器 IP 地址无法 ping 通

1. 故障描述

某日，在对 YB×× 场站的 PCS 系统控制器进行程序下载时，发现无法连接到该控制

器，通过 ping 该控制器的 IP 地址，发现无法 ping 通该控制器 IP。

2. 原因分析

（1）该 PCS 控制器发生故障，无法正常工作。

（2）该控制器 IP 配置错误，与所 ping 地址不符。

（3）工业以太网发生故障，如站内工业以太网交换机死机，网线接触不良，网络质量不好存在网络断开或掉包现象。

3. 故障处理

（1）到现场机柜间检查 PCS 控制器是否报故障，若报故障则重启控制器。

（2）检查该控制器 IP 配置是否与所 ping 的 IP 地址相符，若不符则进行修改。

（3）联合通信专业人员检查工业以太网工作情况，检查站内交换机是否死机，是否存在故障，检查连接控制器及计算机的网线是否松动，检查网络质量，发现问题则进行整改。

4. 经验教训

（1）在调试过程中，务必对各个控制器的 IP 地址设置进行检查，确保与设计相符。

（2）加强巡检，发现控制器故障及时处理；发现交换机故障及时联系通信专业人员进行处理。

七、操作员站 IP 地址无法 ping 通

1. 故障描述

某日，在试图对 YB×× 场站的操作员站进行远程桌面登录控制时，发现无法远程桌面登录到该操作员站，通过 ping 该操作员站的 IP 地址，发现无法 ping 通。

2. 原因分析

（1）该操作员站被认为关机，目前未开启，或该操作员站计算机故障，无法开机。

（2）该操作员站 IP 地址设置错误，与所 ping 地址不符。

（3）该站工业以太网存在故障，如站内工业以太网交换机死机，操作员站或交换机网线接触不良，网络质量不好存在网络断开或掉包现象。

3. 故障处理

（1）到现场检查操作员站是否正常运行，若为人为关机则重启，若为本身故障则进行故障处理。

（2）检查该操作员站的 IP 地址配置是否与所 ping 的 IP 地址相符，若不符则进行修改。

（3）联合通信专业人员检查该站工业以太网工作情况，检查站内交换机是否死机，是否存在故障，检查连接操作员站的网线是否松动，检查网络质量，发现问题则进行整改。

4. 经验教训

（1）在巡检过程中，务必对各场站操作员站的 IP 地址设置进行检查，确保与设计

相符。

（2）加强巡检，发现操作员站存在故障及时处理，及时清理操作员站的内存垃圾，防止其因剩余内存过小而死机，制定相关规定禁止随意关闭操作员站计算机。同时，在发现工业以太网交换机故障时及时联系通信专业人员进行处理。

八、串口服务器 IP 地址无法 ping 通

1. 故障描述

某日，在对 YB×× 场站进行数据掉线问题处理过程中，需远程登录该站串口服务器内部查看相应端口配置，但无法登录成功，通过 ping 该串口服务器的 IP 地址，发现无法 ping 通。

2. 原因分析

（1）该串口服务器发生故障停机，未正常工作。

（2）该串口服务器 IP 地址配置错误，与所 ping 地址不符，如不在同一网段。

（3）工业以太网存在故障，如站内工业以太网交换机死机，串口服务器网线接触不良，网络质量不好存在网络断开或掉包现象。

3. 故障处理

（1）到现场机柜间检查串口服务器是否报故障，是否正常带电工作，若报故障则重启串口服务器，若重启无效则进行更换。

（2）检查该串口服务器 IP 配置是否与所 ping 的 IP 地址相符，若不符则进行修改。

（3）联合通信专业人员检查工业以太网工作情况，检查站内交换机是否死机，是否存在故障，检查连接串口服务器的网线是否存在松动，检查网络质量，发现问题则进行整改。

4. 经验教训

（1）在调试过程中，务必对各个串口服务器的 IP 地址设置进行检查，确保与设计相符。

（2）加强巡检，发现串口服务器故障及时处理，发现工业以太网交换机故障及时联系通信专业人员进行处理。

九、场站无法收到中心发出的远程关断命令

1. 故障描述

某日，在对 YB×× 井进行远程关断测试过程中，中心控制室的关断按钮已按下，但现场迟迟未接收到命令，未执行三级关断。

2. 原因分析

（1）该场站至中心控制室的工业以太网存在故障，导致命令无法正常传输。

（2）该场站 SIS 控制器发生故障，无法接收到相应命令。

（3）该场站 SIS 控制器与中心控制室 SIS 控制器之间的通信链路存在故障（但工业以太网正常），可能为控制器内软件程序有误导致两者不能建立通信。

3. 故障处理

（1）检查工业以太网是否存在故障，通过 ping 该站 SIS 系统控制器地址，若能 ping 通则说明工业以太网没有问题。

（2）到现场检测该 SIS 控制器是否报故障，通过下位机软件中控制器的日志查看该控制器在运行过程中是否存在故障，若存在则尝试进行重启后再测试。

（3）检查中心 SIS 控制器与该站 SIS 控制器的软件通信连接情况，若通信连接断开则对场站 SIS 控制器进行冷下载，即先清空控制器内的程序，再重新下载新程序，逐步排除故障。

4. 经验教训

（1）务必按照自控系统管理规定，按期对各站进行关断测试，及时发现问题，保障各项关断功能正常。

（2）在巡检过程中，注意每周检查一次中心 SIS 控制器与各站 SIS 控制器的通信连接情况，及早发现问题并处理。

第五节　异常关断故障

一、加热炉 PLC 重启导致场站关断

1. 故障描述

某日，对 YB×× 场站加热炉 PLC 重启，导致二、三级节流阀关闭，二级节流阀关闭后致使井口超压，井口压力高高报警联锁，场站紧急关断。

2. 原因分析

当日下午系统专业、仪表专业人员对 YB×× 场站的加热炉通信数据掉线故障进行处理，××时××分左右，加热炉厂家到达现场，在未询问场站具体情况下自行到机柜间作业，在拆除加热炉通信模块 24V 供电电缆的过程中不慎使正、负极短路，导致加热炉 PLC 重启，PLC 掉电之后，二、三级节流阀关闭，继电器也掉电输出到 SCADA 系统酸气高高触发三级关断的信号，导致场站三级关断。

3. 故障处理

将电源断开，重新将供电电缆接好，重启加热炉 PLC，通信模块工作正常，加热炉在 SCADA 系统中数据显示正常。

4. 经验教训

（1）加强现场各个专业人员的沟通工作。

（2）加强厂家服务人员的作业管理。

（3）做好作业人员的监护工作。

二、SIS 控制器故障导致场站关断

1. 故障描述

某日，YB××场站至 YB××场站酸气进站管线 ESDV 阀突然关闭，导致上游场站出站压力持续升高，随后由于上游各站出站后压力高高报警触发上游各站三级关断。

2. 原因分析

系统人员在 YB××场站进行设备检查时发现 SIS C2–B 控制器连接电池的接头存在松弛现象，便手动进行紧固，在紧固过程中 C2–B、C2–P 控制器报错，两个 SIS 控制器相继发生故障，SIS 系统内故障安全型通道全部掉电，引起场站 ESDV、BDV、地面、井下等继电器失电触发现场设备紧急动作而导致场站关断。

（1）过站 ESDV 关阀故障分析。YB××场站在关井保养时，未对过站 ESDV 进行硬屏蔽，系统专业人员在场站维护保养时，也未提醒操作人员对其进行现场硬屏蔽，导致在控制器掉电时过站 ESDV 阀门关闭，使上游场站外输管线压力达到高高报警，引发关断。

（2）SIS 控制器报错分析。系统人员在将 C2–B 控制器电池模块插头紧固过程中，因控制器冗余电缆接触不良而导致两台控制器先后报错，SIS 系统内故障安全型通道全部掉电，引起场站 ESDV、BDV、地面、井下等继电器失电触发现场设备紧急动作导致 YB××场站关断。参阅 C2–B 控制器的日志在 2016 年 10 月 30 日 15 时 35 分 09 秒 ~2016 年 10 月 30 日 15 时 35 分 10 秒时间段可以看出：C2–B 控制器由于冗余电缆“挂断”而报错的记录；C2–P 控制器在 2016 年 10 月 30 日 15 时 35 分 11 秒重启的记录。

3. 故障处理

（1）紧固 SIS 控制器供电接线端子，并对其他可能存在隐患的回路进行检查。

（2）重启 SIS 控制器，在监控中心对控制器程序进行下载安装，完成后主、备进行切换，确保控制器运行正常。

（3）手动拷贝 OPC 文件，确保场站与中心控制室各类数据正常显示。

（4）超驰场站高高、低低触发关断的逻辑，全站进行关断复位。

4. 经验教训

（1）定期进行场站保养，加强 SCADA 系统的隐患排查工作。

（2）做好 SIS 系统作业的监护，作业前监护人进行作业风险及隐患点评估。

（3）提高作业人员的安全防范意识，加强风险教育工作。

（4）落实作业前的现场 5min 观察法。

（5）回路端子紧固前做好安全防护措施，并对回路进行断电后方可作业。

三、阀室阀门异常关闭

1. 故障描述

某日，YB×× 阀室 BV 阀在无逻辑触发、无人为关断的情况下阀门自行关闭。

2. 原因分析

（1）经过对现场设备及机柜设备的检查，发现现场设备 ESD 电磁阀失电。

（2）机柜内阀门的 ESD 回路 ESD Y40201B（ESD Y40201A）中的 1A 保险丝被烧毁，从而导致现场电磁阀失电，阀门关闭。

（3）前期曾对该阀室现场阀门的接地系统进行了改造，拆除了所有与大地相连的接地电缆、金属防爆软管等设备，近期由于雷雨天气频繁，现场设备无接地，导致雷击时回路感应电流过大无处释放而串入 ESD 控制系统回路内，导致保险丝频繁被烧毁。

3. 故障处理

（1）到达现场后，立即配合操作人员将阀门设置成手动状态，手动开启阀门。

（2）发现问题根源后，与业主主管人员协商修复现场阀门的接地电缆，做好设备接地。

4. 经验教训

（1）增强巡线等人员的应急处置能力，阀门关断后能及时手动打开。

（2）电气人员重新对阀门测量绝缘。

（3）重新检查线路接地情况。

（4）配备充足的保险丝等低值易耗品，定期检查更换保险丝。

（5）做好雷雨天气等紧急情况下的应急处置安排。

四、阀室探头高高报警触发支线关断

1. 故障描述

某日，YB×× 阀室硫化氢探头 AT-××401、AT-××402 高高报警，触发该阀室 BV 阀联锁关闭，触发二级关断（即该阀室上游所有场站关断），导致 ×× 线和 ×× 线上游 11 个场站全部关断。

2. 原因分析

当日上午，仪表人员在办理齐全作业票后，配合应急救援中心人员检定 YB×× 场站及该阀室可燃、硫化氢探头（注：该阀室位于该场站内）。进站后，仪表人员将相关情况向站上人员说明，并通知站内值班人员对 YB×× 场站和该阀室全部可燃、硫化氢探头进行超驰，随后场站值班人员电话通知中控室系统人员对该站及该阀室所有可燃及有毒气体探头进行超驰，由于疏忽，操作人员只屏蔽了该场站可燃气、硫化氢探头，却未屏蔽阀室的硫化氢及可燃气体探头 AT-××401、AT-××402、GD-××401 这三个探头，检定人员在检定完 AT-××401 后，系统通道内触发保持的高高报警（未进行报警复位），3min 后鉴定人员在检定 AT-××402 时达到高高报警，加上之前保持的高高报警，两个同时的高高报警触发阀室 A、B 阀关断及该阀室的上下游支线沿线 11 个场站三级关断。

3. 故障处理

发生联锁关断后，相关部门立即启动应急预案，安排专业人员查找阀室及支线关断的具体原因并协助手动打开阀室 BV 阀，在查明原因后，对系统进行复位，做好各场站开井准备，逐步恢复生产。

4. 经验教训

（1）现场作业必须根据作业内容办理齐全作业票。

（2）对于涉及联锁逻辑点作业时，必须将相关情况详细地跟场站值班人员说明，以免由于说明不清造成场站联锁关断事故。

（3）联锁点屏蔽后必须及时让场站值班人员确认并签字，做好详细记录。

五、中控室卡件故障触发净化厂保压关断

1. 故障描述

某日，中控室手操台灯全部熄灭，SCADA 系统事件列表中所有带诊断功能的通道均显示“SIS 通道报警”，持续时间大约 10s 后恢复正常，致使输出至净化厂的三路三取二切断信号 UA-00ESD-1A、UA-00ESD-1B 和 UA-00ESD-1C 失电触发，导致净化厂保压关断。

2. 原因分析

从事件列表中可以看出，事件发生时所有带诊断功能的卡件通道都开始报警，说明这 6 块 AI 卡存在丢失的情况。同一时间辅操台所有红灯熄灭并且有关断信号输出至净化厂，说明 4 块 DO 卡也有丢失情况。根据卡件的分布情况，第 1 块卡件为 DI 卡；第 2 块至第 4 块为 DO 卡；第 5 块至第 11 块为 AI 卡，第 1 块 DI 卡无法判定是否丢失。所以由此得出结论：

（1）如果第 1 块 DI 卡的底座（TU810）有问题，则会导致下面的 10 块卡件丢失。

（2）如果第 1 块卡件和底座无问题，那么问题就出在站头模块处。站头由 3 个部分组成：控制器至站头通信模块（TB840）的 Module Bus 总线光纤（TK811）；站头底座（TU841）；站头通信模块（TB840）。以上 3 个部分任意一部分出问题都将直接导致通信模块（TB840）报错，致使卡件丢失。

此处排除控制器的故障引发丢卡，原因有：

（1）两控制器一备一用，正在使用的控制器出现报错或突然断电的情况，系统会自行切换至另一备用的控制器，切换的过程不会对系统产生任何影响。

（2）巡检时，中控室 ESD 机柜控制器 C1-P 为运行状态，事件发生后依然为 C1-P 在运行，说明控制器正常运行，不存在错误和切换过程。

3. 故障处理

（1）中控室查看 SCADA 系统事件列表，分析原理，在屏蔽去净化厂及首站的一级关断信号后，打开 SIS 系统机柜进行检查，并尝试摇动卡件，查看是否有异常情况。

（2）更换 ESD 机柜 TB840 通信模块，同时对 TB840 卡件底座进行检查，发现卡件底座供电接口松动，当外部产生大的振动时，接口松脱致使卡件供电丢失而导致通道掉电，输出了 ESD-1 级关断信号至净化厂及首站。最终通过重新更换底座，并进行紧固测试，确认无其他故障后，将设备投入生产并密切观察运行情况。

4. 经验教训

（1）在调试期间，要做好系统各项设备的验收工作，认真检查设备外观、内部完好度、电缆的紧固程度等相关事宜。

（2）由于系统设备在日常生产过程中无法进行设备的维护保养，所以应定期对系统设备进行检修，定期停用、报废无法修复的故障或“带病”工作元件。

（3）加强系统设备的日常巡检工作，做好各项设备的检查。

六、多相流机柜 PLC 控制器意外死机导致场站关断

1. 故障描述

某日，YB×× 场站井口地面安全阀 SSV 关闭，同时井口放空阀 BDV-16101 打开，导致井口泄压。

2. 原因分析

系统专业和仪表专业组织专人到场站检查，向当天工艺值班人员了解情况，随后对多相流 PV 阀进行检查，发现阀门开关均正常，并无掉电或开关不到位的情况，但是发现阀门动作无法在其 PLC 控制系统上看到状态信号，随后检查多相流机柜，发现多相流机柜 PLC 控制器处于“STOP”状态，所以无法采集来自现场的多相流的各类远传信号，SCADA 系统也无法接收到来自多相流机柜 PLC 控制系统的信息。

由此可以判断，引起场站三级关断的原因是：多相流机柜 PLC 控制器意外死机，造成多相流 PV 阀 PV-13301B 关闭，从而导致多相流憋压，造成多相流压力高高并引发加热炉三级节流后压力高高，触发加热炉紧急停车关闭二、三级节流阀，最终导致井口压力高高联锁场站三级关断，场站井口部分泄压。

3. 故障处理

（1）向场站值班人员说明相关情况，多相流机柜 PLC 控制系统因故障暂不投用，PV 阀门不能正常使用，酸气暂走旁通，保障生产。

（2）排查多相流控制系统停机原因，排除故障后投用多相流控制系统，避免类似的情况再次发生。

4. 经验教训

（1）对各场站的多相流机柜进行检查，查看是否存在程序报错的情况。

（2）必要时联合厂家分析多相流控制系统 PLC 异常停机的确切原因，避免再次出现类似的情况。

七、井口探头高高报警导致场站关断

1. 故障描述

某日，某维保单位到 YB×× 井拉运污水，对场站的 H_2S 和可燃气体探头进行超弛，但未对井口区域的探头进行超弛，在拉酸液过程中，因风使酸气逸散至井口区域，导致井口区域两个 H_2S 探头（AT-××103 和 AT-××102）同时高高报警，触发场站三级关断。

2. 原因分析

该维保单位在拉运污水期间，未对场站所有的 H_2S 有毒报警器和可燃气体报警器进行超弛（未超弛的原因主要是考虑到井口离拉运污水的地方比较远，大概有 100m）。此外，由于 YB×× 井的接头和其他场站的接口不一致，在污水外排的过程中有大量的气体泄漏，最终导致关井。

3. 故障处理

（1）发生关断事件后，先查找关断原因。

（2）关断原因确认后，逐步完成复位。

（3）待气体完全消散后，在场站无泄漏的情况下进行开井，恢复生产。

4. 经验教训

（1）提醒各专业人员在做任何作业之前，首先考虑可能发生的情况，做到提前预防。

（2）在拉运污水过程中，注意污水车的接口是否与井的接头对应，杜绝酸气逸散。

八、井下安全阀异常关闭后井口压力低低联锁关断

1. 故障描述

某日，YB×× 场站井下安全阀油路压力低低，导致井下安全阀关闭，井口一级节流后压力低低联锁，触发场站三级关断。

2. 原因分析

事件发生当日，仪表人员在确认井下安全阀与地面安全阀都进行了机械屏蔽后，开始更换技套压力回路的保险作业，仪表人员在更换完保险后，对其他 5 个保险端子进行了检查，检查发现 24V–6 端子（井下安全阀电磁阀供电）保险处于断开状态，随后仪表人员将 24V–6 端子断开，对其保险进行了检查，检查保险无问题后重新回装，断开保险过程中井下安全阀回路的电磁阀已掉电，但因井下安全阀进行了机械屏蔽，所以阀门未真正关闭。作业完成后，场站值班人员在取消屏蔽的过程中，没有先对井下安全阀油路进行复位（即

重新打压），直接取消了机械屏蔽，导致井下安全阀阀门关闭。随后井口压力下降至低低报警值，联锁了该场站三级关断。

3. 故障处理

（1）场站联锁关断后，明确了关断原因，先对井口压力低低信号进行超驰，再对系统进行复位。

（2）确保系统复位后对现场各阀门进行复位，确认流程并做好开井准备。

（3）重新打开井下安全阀，再按操作步骤进行开井复产。

4. 经验教训

（1）制定井口区域仪表操作规范和应急处理方案。

（2）加强对井口控制柜控制原理的学习，分析和熟悉井口控制柜控制回路走向、仪表接线控制原理。

（3）及时完善、审核、修订、执行现场设备管理制度、现场作业流程及操作规程和现场作业设备屏蔽措施规定，以减少现场巡检或作业中因不明设备隐患导致生产设备事故。

（4）根据生产管理制度对相应责任人进行考核、教育和学习。

九、雷击导致场站关断

1. 故障描述

某日，因强雷雨天气造成 YB×× 场站发生三级关断，在雷击瞬间发生 SIS 所有通道掉电，造成过站 ESDV、出站 ESDV 关闭、高低压 BDV 打开及地面 / 井下安全阀关闭。

2. 原因分析

（1）从损坏的设备来看，并没有直接被雷电击穿或烧毁的痕迹，所以并非由雷直击造成，都是内部电子元器件损坏，初步判断造成现场设备损坏的原因为近点雷电磁场感应所致。

（2）由于场站地势较高，当天场站附近天气恶劣，雷雨交加，当在火炬附近发生雷击时，强大的脉冲电流会在周围空间产生交变磁场（以雷电为中心 1.5~2km 的范围内都可产生危险的过电压），处于磁场中的导体因此而感应出高电压，沿线路产生的过电压窜入现场仪表回路，最终造成设备损坏。

（3）大部分仪表系统设备均由集成电路构成，其电子元器件间隔很小，稍大的过电压都会造成反击闪电，集成电路中的电源和信号线路通常为微型支撑结构，当这些支撑结构受到电涌冲击时，会变得过热而弯曲变形，使得本来应该相互隔绝的线路互相接触，就形成了内部短路，从而导致集成电路失效。

3. 故障处理

（1）场站人员对过站 ESDV 进行手动复位，保证上游进站的正常生产。

（2）对所有撬块和井口进行检查，保证主设备能正常运行，对场站仪表设备受损情况进行统计。

（3）更换雷击损坏的设备，除加热炉、多相流、燃料气撬块流量计、微正压流量计能正常通信外，其余第三方设备通信模块均损坏。

（4）对发电机和市电非关键负荷进行复位送电，对火炬区配电箱开关进行送电；检查所有电气设备运行情况，均无配件损坏；对所有电气设备的接地情况进行检查，接地良好、可靠；对场站进行机柜间主接地网和等电位箱的接地点进行防雷接地测试，接地电阻均为0.5Ω；火炬区配电箱、控制箱、火炬塔架接地电阻均为1.0Ω，火炬筒体接地电阻为0.4Ω，收发球筒管线区接地电阻均小于4Ω，测试结果均合格。

（5）2台UPS机柜通信模块因雷击损坏，导致数据无法传输，更换UPS通信模块。

（6）及时对场站损坏设备进行更换，并进行ESD逻辑关断测试。

4. 经验教训

（1）由于场站火炬装置处于山顶，在强雷天气情况下，容易遭受雷击，建议对各站火炬装置做重点防雷接地检查。

（2）及时上报备品备件，保证设备的正常运行。

（3）配备充足的保险丝等低值易耗品，定期检查更换保险丝。

（4）做好雷雨天气等紧急情况下的应急处置安排。

第五章 仪器仪表系统常见故障判断与处理

本章主要对压力监测仪表、温度监测仪表、液位监测仪表、流量监测仪表及火气监测仪表故障的判断和处理措施进行详细的分析和描述，为含硫油气田仪器仪表系统相似故障的判断与处理提供借鉴。

第一节 压力监测仪表故障

一、压力表指针不归零

1. 故障描述

某日，YB××集气站员工拟将二级节流阀后压力表进行拆卸并送检，拆卸前对该压力表根部阀进行关闭，并通过二阀组进行泄压，发现泄压完成后压力表指针不归零。

2. 原因分析

主要由以下原因造成：

（1）压力表内发生杂质堵塞，压力未泄尽。

（2）压力表长期在一个固定值状态，弹簧管产生应力疲劳。

3. 故障处理

首先对该压力表周围区域可燃、有毒气体探头超驰控制，然后关闭压力表根部阀，打开二阀组放空阀，再瞬间开启、关闭截止阀，让气流对压力表取压通道进行冲洗。反复几次后关闭截止阀、放空阀，观察压力表指针回零情况：

（1）若指针回零，则判断为杂质堵塞，吹扫处理后正常。

（2）若指针仍不归零，则判断为压力表弹簧管应力疲劳，需领取备用压力表进行更换，并将该压力表送至法定检定机构进行检定，判断是否合格。

4. 经验教训

由于元坝气田是高酸性气田，气井在生产初期携带杂质较多，易造成仪表取压口堵塞。遇到此类情况，首先判断是否为仪表堵塞造成，再判断是否是压力表本身故障，不能遇到压力表指针不归零就领取备件更换，造成资源浪费与成本增加。若确是仪表弹簧管应力疲劳，再领取备件更换。

二、压力表弹簧管漏气

1. 故障描述

某日，YB×× 场站员工在火炬区巡检时发现现场固定式可燃气体探头有报警值，且携带便携式报警仪现场检测也有读数，立即对该区域燃料气及放空管线进行验漏。但压力表丝扣连接处、压力表两阀组、截止阀丝扣连接处均未发现漏点，放空阀关闭且不存在内漏，最后检查发现从压力表表壳漏气。

2. 原因分析

主要由以下原因造成：

（1）压力表本身质量问题：弹簧管与引压管焊接处有沙眼。

（2）弹簧管材质不耐介质腐蚀，被腐蚀穿孔。

（3）压力表量程较小，瞬间高压导致压力表弹簧管损坏。

3. 故障处理

此种情况需立即领取备件对压力表进行更换，保证现场仪表正常运行。再将损坏压力表拆回并解体检查，在校验台或手动打压泵上打压，发现压力表漏气位置为弹簧管与引压管焊接处，判断为压力表本身质量问题。

4. 经验教训

（1）在新购仪表到货验收时，对仪表合格证与接液（接气）部件材质报告要严格审查，同时检定合格后，才能验收入库。

（2）仪表选型一定要考虑测量介质对仪表材质的腐蚀性，以及仪表量程是否符合标准。

三、压力变送器表头与人机界面显示不一致

1. 故障描述

某日，YB×× 集气站值班员工在巡检过程中发现出站管线压力变送器在 SCADA 系统人机界面上示值显示“3.8MPa”，与正常管线压力不一致，且与上下游压力变送器读数、就地压力表读数相差较大，在流程中无节流装置的情况下，判定为仪表示数异常。

2. 原因分析

主要由以下原因造成：

（1）仪表取压系统被杂质堵塞。

（2）SCADA 系统中该仪表的量程设置与压力变送器量程不一致。

（3）仪表测量元件损坏。

3. 故障处理

检查压力变送器，发现仪表完好无损；用 HART 手操器读取仪表组态量程，符合现场实际工艺；查看系统设置量程，发现与现场量程不一致，判断该故障原因为压力变送器量

程与 SCADA 系统中该仪表的量程设置不一致。更改 SCADA 系统中该仪表的量程设置，使其与压力变送器组态量程一致，并对压力变送器做零点校正，最终压力变送器表头显示与远传一致，且与就地压力表读数吻合。

4. 经验教训

远传仪表上电后，要用 HART 手操器读取表头默认量程，查看是否与仪表铭牌上量程一致，再与 SCADA 系统核对量程设置是否一致。

四、仪表阀接头泄漏

1. 故障描述

某日，YB×× 场站巡检人员发现水套炉区硫化氢探头读数不为零，对该区域内各压力表和压力变送器进行验漏，发现三级节流后压力表接头处出现渗漏。

2. 原因分析

主要由以下原因造成：

（1）压力表接头损坏。

（2）安装仪表时没有完全紧固到位。

3. 故障处理

检查压力表接头，未发现破损，重新缠绕生料带进行紧固，验漏后无漏点。

4. 经验教训

管线或者设备充压以后，要对每个仪表阀进行测试并验漏，及时发现内漏的仪表阀并进行更换，仪表阀并连接处外漏需拆卸重新安装并再次进行验漏。

五、远传压力仪表表头进水

1. 故障描述

某日，YB×× 场站值班人员在人机界面中发现三级节流后压力变送器无读数，现场检查发现该压力变送器也无读数显示。

2. 原因分析

主要由以下原因造成：

（1）压力变送器电路故障。

（2）压力变送器表头损坏。

3. 故障处理

打开仪表检查，发现仪表内有积水。部分远传仪表在使用过程中，出现就地及远传均无读数现象，打开仪表检查，发现仪表内有积水。该问题产生的根本原因是压力变送器安装不规范，导致仪表防爆挠性管安装不符合防水要求，呈“︿”型进入表头，雨水通过挠性管渗透进表头，导致仪表在使用过程中短路损坏。更换新的压力变送器，验漏后无漏点，和就地压力表读数对比显示一致，就地与远传数据一致，新的压力变送器投用正常。

4. 经验教训

规范仪表防爆挠性管的安装，使之满足防水要求，保证穿线管高度不得高于仪表，防爆挠性管安装方式为“U”型安装。

六、压力变送器就地无显示，远程有显示

1. 故障描述

某日，YB×× 场站值班员工在巡检过程中发现出站管线压力变送器就地显示黑屏，而 SCADA 系统人机界面上位系统压力显示与上下游压力变送器读数、就地压力表读数相差较大，在流程中无节流装置的情况下，判定为仪表故障。

2. 原因分析

主要由以下原因造成：

（1）仪表电路故障，负载电压达不到 22~24V 正常范围。

（2）压力变送器电路板故障。

3. 故障处理

（1）因出站工艺流程属于联锁仪表，对压力变送器联锁进行屏蔽超驰。

（2）现场对仪表电路进行检查发现，带负载时正极对地电压为 24V，负极对地电压为 17V，不带负载正负极之间电压为 22.3V，处于正常范围，排除仪表电路故障原因。

（3）判断为压力变送器电路板故障，对压力变送器进行更换，故障消除。

（4）取消屏蔽超驰，正常投用。

4. 经验教训

（1）当远传仪表出现故障时，应从检查电源电压开始排查。

（2）如电路正常，再检查其传感器及变送器是否发生故障。

（3）注意联锁仪表检查前的联锁屏蔽超驰。

七、压力变送器显示偏小

1. 故障描述

某日，YB×× 场站值班员工在巡检过程中，对比加热炉进口压力变送器与就地压力表读数，压力变送器显示偏小；后与下游三级节流阀前压力表及压力变送器读数进行比较，数值小 2MPa。

2. 原因分析

主要由以下原因造成：

（1）由于该处处于节流阀后，节流导致酸气温度降低，易形成水合物堵塞压力变送器下端截止阀及两阀组。

（2）酸气中含有大量杂质，易导致压力变送器下端截止阀及两阀组堵塞。

3. 故障处理

（1）水套炉压力变送器属于联锁仪表，对其逻辑进行屏蔽超驰。

（2）用热水浇淋压力变送器下端截止阀及两阀组，持续时间 5min 左右。

（3）关闭截止阀，慢慢打开放空阀，对取压管泄压，以便排出杂物。

（4）投用压力变送器，看是否显示正常。若不正常，重复上述第（1）~第（4）步，若正常，投用压力变送器。

（5）正常投用后取消屏蔽超驰。

4. 经验教训

（1）温度较低环境条件下易导致管道内水合物生成，导致压力变送器取压管堵塞，建议做好仪表取压管道保温，并对联锁仪表增加电伴热，保证设备正常运行。

（2）加强压力仪表示值对比，遇异物、水合物堵塞及时对取压管泄压。

（3）注意联锁仪表检查前的联锁屏蔽超驰。

八、压力表超量程

1. 故障描述

某日，YB×× 场站值班人员在对火炬区进行巡检时发现火炬燃料气调压阀后压力表示值超量程。

2. 原因分析

主要由以下原因造成：

（1）压力表故障，导致测量结果失真。

（2）调压阀故障，导致调压后压力超高。

3. 故障处理

（1）用一支合格的量程较大（大于调压阀前端实际压力）的压力表安装至调压阀后，若测得实际压力值在正常范围内且低于原压力表测量值，则为原压力表故障，检查故障压力表，修复压力表，不能修复则领取备件更换。

（2）若测得实际压力值高于正常范围与原压力表测量值相近，则为调压阀故障。调压阀故障处理方法：缓慢打开旁通阀，通过旁通阀的开度调整合适的燃料气压力，然后先关闭调压阀前截止阀，待调压阀前后平压后关闭调压阀后截止阀，松开调压阀法兰连接螺栓，泄掉管道内残余气体拆下调压阀，拆开调压阀调压机构，检查调节丝杆、平衡弹簧和调压膜片等部件，发现损坏部件可以修复则进行修复，无法修复则将其更换，修复调压阀后回装验漏测试，无漏点且测试调压正常则恢复流程投入使用。

4. 经验教训

（1）火炬区调压后燃料气管线上压力较低，对应的压力表量程也较小，在使用调压阀调压时应缓慢调整开度，避免调压阀后压力表因压力超量程而发生损坏。

（2）在巡检时，要定期对调压阀进行测试和维护保养，以延长设备使用寿命。

第二节　温度监测仪表故障

一、温度变送器送电后无显示

1. 故障描述

某日，YB×× 场站拆卸并送检温度变送器后，在安装新的温度变送器送电时，仪表显示面板无显示。

2. 原因分析

主要由以下原因造成：

（1）显示面板接触不良。

（2）温度变送器现场仪表 24V DC 电源未供上。

（3）现场浪涌损坏。

（4）温度变送器损坏。

3. 故障处理

首先查看温度变送器对应位号在站控室系统上的显示情况。发现温度变送器站控室显示故障，初步判断现场表头未供上电。对现场表头用万用表测量无 24V DC，依次检查中间接线箱，系统机柜接线端子，检查浪涌和系统通道电压输出。现场测量电压浪涌保护器上端供电正常，测量浪涌保护器，发现浪涌发生了短路，重新更换浪涌保护器后，现场表头恢复正常。

4. 经验教训

（1）温度变送器上电前，需对电路进行测量检查，保证供电正常。

（2）温度变送器上电后，要查看现场表头和站控室上位机显示情况，如表头无显示，逐步分析判断，处理故障。

二、温度变送器表头与上位机显示不一致

1. 故障描述

某日，YB×× 场站值班人员在巡检过程中发现出站温度变送器表头与站控室上位机显示不一致。

2. 原因分析

主要由以下原因造成：

（1）SCADA 系统上位机和表头量程设置不一致。

（2）电源负极接地。

（3）浪涌损坏。

3. 故障处理

查看现场表头和系统显示，示值不同，查看系统量程及表头量程，将两者改为一致，显示正常。

4. 经验教训

温度变送器上电后，要查看现场表头和系统显示情况，显示不同，逐条分析判断，处理故障。

三、温度变送器保护套管泄漏

1. 故障描述

某日，YB×× 场站员工发现站内燃料气发电机区可燃气体探测器报警，立即对该区域进行全面验漏，发现温度变送器保护套管渗漏。

2. 原因分析

主要由以下原因造成：

（1）保护套管法兰盘螺栓未紧固好。

（2）保护套管损坏。

3. 故障处理

保护套管法兰盘螺栓未紧固好，需重新紧固，验漏无漏点。

4. 经验教训

温度变送器及保护套管安装时严格按照安装规程安装，投用前进行严格验漏，发现漏点及时处理。若在保护套管法兰盘螺栓重新紧固的情况下，还存在漏点，则判断为保护套管损坏，需要对保护套管和垫片进行更换。

第三节　液位监测仪表故障

一、相同部位的两液位变送器数值相差较大

1. 故障描述

某日，YB×× 场站值班人员在值班时发现井口分水分离器的两个双法兰液位变送器数值相差较大。

2. 原因分析

主要由以下原因造成：

（1）两个液位变送器仪表迁移量程不一致。

（2）SCADA 上位机两个液位变送器系统量程设置不一致。

（3）液位变送器取压法兰有堵塞或冰堵。

3. 故障处理

（1）针对液位变送器量程不一致，用 Hart 手操器检查组态，检查量程是否设置一致，若不一致，更改量程使量程一致。

（2）液位变送器检查设置无误后，活动上、下法兰前端取压球阀，观察液位有无变化。若有变化则继续活动，直至两液位变送器读数一致为止；若无变化，则判断为取压法兰处堵塞，需将分水分离器停用，进行放空、吹扫、置换后拆卸两双法兰液位变送器，对法兰膜片及取压孔进行清除杂质和水合物作业，完成后再回装双法兰液位变送器并投用。

4. 经验教训

液位变送器在投用前，要检查变送器量程和系统量程是否一致。气井开井初期油温较低，易形成水合物堵塞，值班人员应多次活动其取压球阀，同时建议对液位变送器取压法兰、连接球阀做好伴热措施。

二、液位变送器无显示

1. 故障描述

某日，YB×× 场站值班人员在巡检时发现水套加热炉液位变送器就地显示面板无显示。

2. 原因分析

主要由以下原因造成：

（1）显示面板插针松动或者损坏。

（2）变送器电路板损坏。

（3）仪表电源故障。

3. 故障处理

（1）重新插固显示面板，若显示正常，则故障原因为显示面板松动，若仍无显示，检查液位变送器表头是否正常。

（2）检查液位变送器表头，若输入电压正常，输出电流在 4~20mA 以外，则可以判断为电路板损坏，更换液位变送器表头后显示正常。

4. 经验教训

液位变送器安装时实现断电安装，面板和端子紧固时要牢靠。安装显示面板时要检查是否牢固，巡检过程中加强对现场有就地显示的变送器的巡检力度，做到有故障及时发现，及时处理。

三、液位变送器数值跳变

1. 故障描述

某日，YB×× 场站值班人员在值班过程中发现分水分离器液位变送器数值跳变。

2. 原因分析

主要由以下原因造成：

（1）在场站刚开井的情况下，油温较低，水合物极易生成，经节流后进入分水分离器撬进行气水分离，此时温度更低，易形成水合物堵塞取压孔。

（2）气体携带大量杂质，双法兰液位变送器法兰盘受气体杂质冲击，造成液位变送器数值变化较大。

（3）液位变送器本身故障。

3. 故障处理

（1）反复活动取压球阀，并用大量热水浇淋，观察液位变送器是否读数平稳，若平稳，则故障原因为水合物堵塞。

（2）拆卸双法兰液位变送器并清洗法兰面及取压孔，回装后观察液位变送器是否读数平稳，若平稳，则故障原因为双法兰液位变送器法兰盘受气体杂质冲击，造成液位变送器数值变化较大。

（3）将液位变送器拆卸进行检定，若变送器检定不合格，则为液位变送器本身故障。

4. 经验教训

在刚开井时，双法兰液位变送器受工况影响较大，温度较低容易生成水合物，气体中所带的杂质都极容易冲击、堵塞双法兰取压室，造成变送器数值跳变，在开井阶段，加强巡视，增加排液次数。液位变送器投用前需送至法定检定机构进行检定，检定合格后才能投入使用。

四、磁翻板液位计显示固定值

1. 故障描述

某日，YB×× 场站值班人员在巡检过程中发现酸液缓冲罐磁翻板液位计读数不随液位变化而变化，一直显示固定值。

2. 原因分析

主要由以下原因造成：

（1）磁翻板液位计直接接触介质为底层返排酸液，介质中铁锈杂质多，而磁翻板液位计浮球具有磁性，铁锈杂质附着在浮球上，引起浮球卡死，导致磁翻板液位计显示固定值。

（2）浮球变形卡在浮筒内或浮球损坏。

3. 故障处理

停用磁翻板液位计，泄压排污，取出浮球检查，浮球有无变形，磁性正常，清洗浮球及浮筒，重新投用后液位显示正常。

4. 经验教训

元坝气田酸液缓冲罐的作用是井口分水分离器分离出的酸液，盛放在酸液缓冲罐中，后通过拉运处理，而酸液中含有杂质较多，对于磁翻板液位计，要做好定期排污工作，防止浮球因杂质堵塞而卡死，造成示值不准。

五、双法兰液位变送器显示异常

1. 故障描述

某日，YB×× 场站值班人员在巡检中发现分水分离器双法兰液位变送器在 SCADA 人机界面中显示满量程，场站员工在界面中执行远程排液操作后，液位无变化。场站员工立即进行现场确认，双法兰液位变送器就地显示同样为满量程，场站员工进行手动排液，液位计显示无变化，仍然显示满量程。

2. 原因分析

双法兰液位变送器是通过两法兰面的压力差值来计算液位高低，导致液位计满量程且不随液位变化，显示异常有以下两个方面的原因：

（1）双法兰液位变送器取压口有堵塞现象，法兰面无法正常取压，导致无法正常显示液位。

（2）双法兰液位变送器仪表本体发生故障，导致液位显示异常。

3. 故障处理

（1）取双法兰液位变送器备件，对现有仪表进行现场更换作业，更换完成后进行排液操作，液位仍然没有变化，排除液位计本体故障原因。

（2）为排除取压口堵塞情况，将双法兰液位变送器法兰盘前球阀反复开关，让气流对管道冲洗，以及用热水对取压管段外侧浇淋，进行排液，液位显示仍为满量程的异常状态，证明取压口堵塞情况十分严重。

（3）拆下液位变送器法兰盘，在清洗法兰面及取压管段后重新安装，验漏合格，液位显示正常。

4. 经验教训

（1）双法兰液位变送器取压口堵塞现象多见于开井初期，产水量大且油温较低时。

（2）场站值班人员应配备充足的热水，有异常情况时应立即对取样管段进行浇淋。

（3）定期活动取压球阀，防止异物堵塞取压口。

第四节　流量监测仪表故障

一、外夹式超声波流量计计量误差大

1. 故障描述

某日，YB×× 场站值班人员在值班过程中发现外夹式超声波流量计数据跳变，经常出现计量不准确的情况。

2. 原因分析

主要由以下原因造成：

（1）超声波流量计安装位置壁厚过大，超出探头使用范围。

（2）测量管道内壁杂质较多，影响信号强度。

（3）固定气体探头的夹具松动。

3. 故障处理

（1）根据产品说明书查阅超声波流量计探头测量壁厚范围，再检测安装位置管道的壁厚，若超出其测量范围则应更换探头或更改安装位置，保证管道壁厚满足测量要求。

（2）由于测量介质为未经处理的酸气，管道内壁有杂质附着和单质硫沉积，固体杂质影响超声波流量计测量信号，进而导致测量数据不准确，对测量管道内壁进行清洗后，测量正常。

（3）由于热胀冷缩，固定探头的钢带可能发生松动，导致探头间位置发生偏移，无法正常接收对应探头发出的信号，需定期进行维护检查。

4. 经验教训

超声波流量计的使用条件要求较高，在选型及安装时要充分考虑工况条件。同时，定期检查外夹式超声波流量计测量状态，查看其信号强度、信噪比等技术指标，检查探头安装是否存在松动等情况，发现异常及时处理。

二、流量计无法与 SCADA 系统建立通信

1. 故障描述

某日，YB×× 场站生产分离器液相流量计安装调试完成后，发现现场表头能正常显示，但系统人机界面无法读取现场流量数据。

2. 原因分析

主要由以下原因造成：

（1）现场接线错误或者线路未紧固到位。

（2）各参数的通信地址设置错误，SCADA 系统上流量计的通信地址与流量计表头通信地址不对应。

3. 故障处理

（1）检查现场接线都正确且牢固。

（2）与现场流量计厂家联系，取得流量计表头的瞬时流量、累计流量的通信地址。

（3）修改 SCADA 系统流量计通信地址，流量计通信连接正常，SCADA 系统人机界面能读取数据，且与现场表头显示数据一致，流量计使用正常。

4. 经验教训

在调试期间，全程跟踪撬块调试，记录好各仪表的量程、通信地址、参数设置等数据并存档。

三、缓蚀剂质量流量计数据跳变

1. 故障描述

某日，集中控制中心人员观察 YB×× 场站缓蚀剂 1# 泵出口质量流量计历史趋势，发现瞬时流量数据频繁跳变，且跳变频率固定。

2. 原因分析

主要由以下原因造成：

（1）质量流量计变送器接线不正确。

（2）缓蚀剂泵内液压油量不足，存在杂质。

（3）缓蚀剂泵泵头存在空气。

（4）脉冲阻尼器的充装压力不足，达不到工作压力的 60%~65%。

3. 故障处理

（1）检查质量流量计，传感器、变送器、接线均正常。

（2）检查缓蚀剂 1# 泵内部液压油，油量充足，无杂质。

（3）将隔膜泵行程调至最小，排除可能存在的空气后，流量计数据仍然不稳定。

（4）将隔膜泵拆除，内部部件完好无损，一一清洁后回装，流量显示仍不稳定。

（5）缓蚀剂加注撬采用隔膜泵进行加注，缓蚀剂被泵出时为不连续的柱塞流，现场采用脉冲阻尼器来保证缓蚀剂经过质量流量计时为均匀流体，当脉冲阻尼器充装压力过低时，可能会发生流量不稳定情况。将缓蚀剂 1# 泵脉冲阻尼器拆下，核定压力，发现现场脉冲阻尼器的充装压力为工作压力的 40%，达不到工作压力的 60%~65%，从而导致流量测量数据不稳定。

（6）将脉冲阻尼器内腔压力充装至工作压力的 60%~65% 并回装，启动缓蚀剂 1# 泵，调节好泵行程，并现场标定，观察缓蚀剂流量计示数，发现跳变故障消除。

4. 经验教训

质量流量计显示异常需要从多方面找原因，当系统各部件都无故障时，应该考虑使用工况是否达到使用要求。

四、超声波流量计无读数

1. 故障描述

某日，气井正常生产时，YB××场站值班人员发现人机界面中超声波流量计读数为零，现场巡检时发现表头显示流量也为零。

2. 原因分析

主要由以下原因造成：

（1）仪表损坏。

（2）管道壁厚超出传感器测量范围。

（3）竖直管线内壁易产生液体挂壁，传感器测量平面内有积水，严重影响传感器的正常工作。

3. 故障处理

（1）查看超声波流量计检定台账和证书，该超声波流量计在第三方检定机构的检定结果为合格，排除仪表本身发生故障的可能。

（2）管道壁厚是超声波流量计的传感器选型的决定性因素，对传感器安装位置管道壁厚进行测量，发现壁厚超出传感器测量范围。

（3）更改超声波流量计传感器安装位置，选择壁厚符合传感器要求的水平直管段重新安装，超声波流量计工作正常。

4. 经验教训

在对超声波流量计（传感器）进行选型时，要充分考虑其安装位置的工况条件是否满足要求，同时在工艺管线的设计上应注意达到超声波流量计的使用要求，比如壁厚范围、直管段长度。超声波流量计探头安装位置最好选在水平管段上，减少酸气中携带的液体对声波的影响；在选择超声波流量计及探头型号时要充分考虑管道的壁厚、通径及材质，选择合适的型号。

五、电磁流量计衬里腐蚀变形

1. 故障描述

某日，职工在YB××场站巡检时发现该场站多相流撬电磁流量计瞬时流量数据跳变严重，无法读取有效的流量。

2. 原因分析

主要由以下原因造成：

（1）电磁流量计传感器被腐蚀损坏。

（2）电磁流量计电源故障。

（3）电磁流量计参数设置不正确。

3. 故障处理

（1）将表头拆开，发现电路板被腐蚀，将流量计拆下，发现传感器被腐蚀。

（2）电磁流量计传感器与测量介质直接接触，其接触介质的地方安装有衬里。

（3）对衬里材质进行检测，其材质为氯丁橡胶，未达到耐强酸腐蚀的要求，在使用过程中导致腐蚀穿孔，酸液腐蚀传感器及表头。

（4）更换为衬里材质为聚四氟乙烯的电磁流量计，调试后投用正常。

4. 经验教训

与酸气 / 酸液直接接触的流量计，在选型时要注意接触介质的材质是否达到耐腐蚀要求，要求厂家供货时提供材质证明材料。在仪表安装前对材质进行检测，是否达到抗腐蚀要求。在高压环境下工作的仪表，对密封性要求严格，仪器仪表材质质量必须严格把关。安装前要严格检查设备的完整性，及工艺环境的特殊要求。

六、电磁流量计累加器不累加

1. 故障描述

某日，YB×× 场站多相流排液时电磁流量计累加器不累加。

2. 原因分析

主要由以下原因造成：

（1）电磁流量计信号、参数设置错误。

（2）该电磁流量计表头设计为红外阻断式按键，外物遮挡按键即可操作，而启用、停用流量计累加器的按键又极为简单，雨水流经按键，关闭了流量计累加功能。

（3）流量计本身故障。

3. 故障处理

（1）现场检查电磁流量计信号、参数设置都正常。

（2）检查发现该电磁流量计关闭了流量计累加功能。

（3）重新开启流量计累加器后流量累加正常，之后对操作面板进行锁屏。

4. 经验教训

巡检时一定要查看流量计累加功能是否开启并将操作面板锁屏，同时建议流量计操作面板增加防雨罩。

七、超声波流量计读数跳变

1. 故障描述

某日，中控室值班人员发现人机界面中显示 YB×× 场站超声波流量计瞬时流量跳变严重。

2. 原因分析

主要由以下原因造成：

（1）超声波流量计抗噪膜损坏，耦合剂蒸发。

（2）管道中介质含有大量杂质，且有单质硫析出附着在管壁上，管壁不光滑，超声波信号在管壁上折射变成了漫反射，大部分超声波信号散失，无法被另外一个探头接收，导致信号强度低。

3. 故障处理

（1）现场检查超声波流量计抗噪膜完好，更换耦合剂后表头读数仍然跳变严重。

（2）在将探头安装方式由反射式改为直射式后，信号强度增强，显示正常。

4. 经验教训

（1）超声波流量计在安装调试时，应充分考虑所测介质及管壁实际情况，选取正确的安装方式。

（2）在日常巡检时，查看探头耦合剂情况及抗噪膜粘贴情况，发现干涸及时处理。

（3）定期检查设备接线是否正常。

（4）定期对超声波测量管道进行冲砂清洗。

八、涡轮流量计无流量显示

1. 故障描述

YB×× 场站在正常投运 2 个月后，值班人员发现甲醇加注撬块涡轮流量计无计量显示，数值显示为零。甲醇加注撬涡轮流量计安装在高压、低压隔膜泵后，对加注甲醇量进行计量。

2. 原因分析

主要由以下原因造成：

（1）流量计堵塞或者流程未导通。

（2）流量计传感器故障。

3. 故障处理

（1）关闭甲醇加注泵，对现场的流程确认导通，通过标定柱进行标定，显示标定柱在下降，有正常流量通过，且压力并未异常增加，排除流量计堵塞原因。

（2）将流量计拆卸检查，发现流量计内涡轮丢失，导致无法计量，更换备件后计量正常。

4. 经验教训

甲醇加注泵排量较大，且加注口在井口压力较高，在启动甲醇泵时应先小排量运行，泵运行平稳后再逐渐增大排量，瞬时高压或瞬时大流量易导致涡轮损坏，流量计失效。

九、质量流量计无流量显示

1. 故障描述

某日，YB×× 场站值班人员在巡检过程中发现，缓蚀剂加注撬 1#、3# 缓蚀剂加注泵流程后质量流量计在泵开启的情况下无瞬时流量显示。

2. 原因分析

主要由以下原因造成：

（1）隔膜计量泵损坏，不能正常泵出液体。

（2）管道内存在空气。

（3）流量计损坏。

3. 故障处理

缓蚀剂加注管线上设计有球阀和止回阀，止回阀工作原理是其阀瓣在流体压力作用下开启，流体从进口侧流向出口侧。当进口侧压力低于出口侧时，阀瓣在流体压差、本身重力等因素作用下自动关闭以防止流体倒流。

（1）开启 1#、3# 泵后，泵排量调整到一定开度，观察到标定柱液面下降，确定缓蚀剂排出，并伴随气泡。

（2）关闭标定柱后，重新启动缓蚀剂加注泵，当压力高于工艺管道压力后，打开流程球阀，流量计示值正常。

4. 经验教训

（1）缓蚀剂加注完成后，必须要将下游球阀关闭。

（2）缓蚀剂加注要注意管线压力，只有当泵后压力大于管线压力时，才打开球阀进行加注。

（3）利用标定柱进行流量标定后，应将标定柱内残液排出，同时防止加注管道内进入空气。

十、旋进旋涡流量计无流量显示

1. 故障描述

某日，YB×× 场站人员在值班时通过界面发现场站燃料气分配撬块旋进旋涡流量计无瞬时流量显示，现场确认仪表仍无流量显示。

2. 原因分析

主要由以下原因造成：

（1）流量计未投用，工艺流程打到旁通。

（2）流量计信号线接线不实。

（3）传感器探头故障。

3. 故障处理

（1）现场确定流量计已投用且未投用旁通，排除未投用原因。

（2）紧固流量计接线端子，流量计仍然显示为零，排除接线原因。

（3）确定原因是由于传感器探头故障引起无瞬时流量显示，拆下流量计取出探头，发现传感器上面结垢严重，清洗干净后投用流量计，瞬时流量显示正常。

4. 经验教训

旋进旋涡流量计测量原理为在流体入口侧安放一组螺旋型导流叶片，当流体进入流量传感器时，导流叶片迫使流体产生剧烈的旋涡流。当流体进入扩散段时，旋涡流受到回流的作用，开始作二次旋转，形成陀螺式的涡流进动现象。该进动频率与流量大小成正比，不受流体物理性质和密度的影响，信号经前置放大器放大、滤波、整形转换为与流速成正比的脉冲信号，然后再与温度、压力等检测信号一起被送往微处理器进行积算处理，最后在液晶显示屏上显示出测量结果(瞬时流量、累积流量及温度、压力数据)。

被检测气体中如含有大量液体、固体杂质会影响测量的准确度，若附着在导流叶片上，会导致气体流线改变，进而导致测量不准确。需要对燃料气管线进行定期清管作业，保证燃料气干净不携带杂质。

第五节　火气监测仪表故障

一、可燃气体探头送电后无显示

1. 故障描述

某日，对 YB×× 场站可燃气体探头送电后，表头无显示。

2. 原因分析

主要由以下原因造成：

（1）控制系统供电异常，仪表存在电源故障。

（2）可燃气体探头损坏。

（3）施工质量不合格，仪表未进行校线或校线不仔细导致接线错误。

3. 故障处理

（1）检查场站供电情况，控制系统供电正常。

（2）现场检查探头，发现探头完好无损。

（3）分析认为由于施工质量原因，仪表未进行校线或校线不仔细导致接线错误。重新校正从系统控制柜到现场中间接线箱、从中间接线箱到表头的电源、信号线，重新接线后表头显示正常。

4. 经验教训

场站中交以后，调试开始时需对所有远传仪表及远程控制阀门的电源线及信号线进行校线，确保各个点校验准确、无漏项。

二、感烟探头误报警

1. 故障描述

某日，YB××场站值班人员在站控室听到自控系统报警声，检查发现是空压机房内感烟探头报警。

2. 原因分析

主要由以下原因造成：

（1）空压机房电源线路均引起着火。

（2）由于空压机长时间运行，室内空气中尘土较多，当尘土颗粒进入感烟探头探测室内部时，红外发光元件发出的光被散射或反射到光敏原件上，引起误报。

3. 故障处理

（1）空压机房电源线路均正常，无着火迹象。

（2）拆下探头，打开壳体，擦拭清除探测室内的灰尘，重装探头，故障消除。

4. 经验教训

站控室空压机房内的飞尘很难避免，每月的集中巡检应重点关注 SIS 通道是否报警，定期清理探头积灰。

三、四色灯绿灯不亮

1. 故障描述

某日，YB××场站值班人员在巡检过程中发现流程内一处四色灯绿灯不亮。

2. 原因分析

主要由以下原因造成：

（1）四色灯电路故障。

（2）由于状态灯绿灯为常亮白炽灯，灯丝为钨丝，加之灯泡长时间连续工作而损坏。

3. 故障处理

（1）检查四色灯电路正常。

（2）将绿灯改为额定电压为 48V DC 的 LED 灯，状态灯运行正常。

4. 经验教训

白炽灯由于发热及受使用寿命所限，陆续损坏，建议将白炽灯更换为 LED 灯；同时目前更换的 48V DC 的 LED 灯，功率仅为原来白炽灯的 1/4，节能又环保。

四、激光对射显示外光路无信号

1. 故障描述

某日，YB××场站值班人员在巡检过程中发现场站开放空间激光对射机柜面板显示外光路无信号。

2. 原因分析

主要由以下原因造成：

（1）探头收发望远镜和角反射镜镜面灰尘导致外光路被杂质阻断。

（2）探头发射端和反射端位置可能发生偏移。

3. 故障处理

（1）清理探头收发望远镜和角反射镜镜面灰尘，防止外光路被杂质阻断。

（2）检查收发望远镜都处于正常状态，用红光笔重新调校探头发射端和反射端位置后恢复正常。

4. 经验教训

激光对射安装时，保证收发望远镜安装到位，巡检过程中注意观察探头是否可能因为基座沉降等外界因素而发生探头发射端和反射端位置偏移，并做好仪表本体的清洁工作，防止积灰。

五、方井池硫化氢探头误显示

1. 故障描述

某日，YB××场站值班人员发现人机界面显示方井池底部硫化氢探头报警，示数为100ppm（$1ppm=10^{-6}$）。

2. 原因分析

主要由以下原因造成：

（1）将便携式硫化氢检测仪下入方井池，并未出现报警情况，判断为方井池底部硫化氢探头误报。

（2）该探头所处位置为方井池底部，易形成积水导致硫化氢探头被水淹，分析认为方井池内探头进水损坏。

3. 故障处理

（1）将该探测器断电重启并重新标定零点，若正常则为零点漂移。

（2）将方井池内硫化氢探头断电，联系污水车将方井池积水抽走，拆除损坏的探头，更换新探头后投用正常。

4. 经验教训

（1）做好探头防水工作，对井口防爆绕线管进行改造。

（2）更改探头安装位置，将方井池内硫化氢探头改为可上下活动式，防止被水淹。

（3）注意气候变化，及时处理方井池内积水。

六、固定式可燃检测仪误报

1. 故障描述

YB××场站在生产过程中，值班人员在SCADA人机界面中发现水套加热炉区域固定式可燃气体检测仪出现报警信号，报警值为19%LEL。立即进行现场确认，现场可燃气体探头显示与系统值相同，显示为19%LEL。

对加热炉区域进行验漏，未发现漏点，且同区域固定式硫化氢检测仪和值班人员佩戴便携式可燃、有毒气体检测仪未发生报警，判定固定式可燃气体检测仪发生误报故障。

2. 原因分析

主要由以下原因造成：

（1）探头存在零点漂移。

（2）传感器发生故障。

（3）面板发生故障。

3. 故障处理

（1）对报警探头周围进行全面验漏，发现并无漏点，附近可燃气体检测仪、便携式检测仪读数均为0，可排除气体泄漏造成的报警。

（2）现场检查表头有故障代码F-03（零点漂移），重新进行零点标定后恢复正常。

（3）处理完成后，周期性观察是否还存在报警的情况，若重复误报警，则更换传感器再进行观察。

4. 经验教训

（1）对可燃气体、有毒气体故障整改作业必须提前进行屏蔽超驰，防止在作业过程中探头再次误报，引起安全生产事故。

（2）作业完成后应该仔细检查现场探头，做好防水处理，防止进水造成的探头损坏。

七、火焰探测器误报

1. 故障描述

某日，YB××场站火焰探测器FD-09701报警，引发场站火灾报警PA/GA报警，四色灯红灯亮，报警值持续时间约1s，并在SCADA界面显示报警状态。

2. 原因分析

主要由以下原因造成：

（1）火焰探测器确实检测到火焰。

（2）接线端子松动。

（3）太阳光反射导致火焰探测器误报。

3. 故障处理

（1）检查火焰探测器回路电压，电压值为22.1V，正常。检查回路电流，电流值为4.3mA，人机界面显示值为2.32，显示正常。

（2）紧固各个接线端子。

（3）擦拭火焰探测器玻璃镜片。

（4）移动火焰探测器探头，尽量不要让探头对着反光处。

4. 经验教训

在生产运行过程中，发现场站上的个别火焰探测器有误报情况，经过检查回路电压、电流均为正常，考虑到环境因素，移动火焰探测器位置，不正对反射光源，未发现该探测器有误报情况。故在安装火焰探测器时，应避免火焰探测器的探头对着光源或反射光源的地方，减少环境因素造成的误报警情况。

第六章　供配电系统常见故障判断与处理

本章主要对发电机系统、电动机泵、供电干线设备、UPS 系统以及其他电气设备故障的判断和处理措施进行详细的分析和描述，为油气田电力系统相似故障的判断与处理提供借鉴。

第一节　发电机系统故障

一、燃气发电机输出电压波动

1. 故障描述

某日，电气维保人员在 YB× ×-2 场站进行燃气发电机正常巡检工作时，发现燃气发电机输出电压波动，无法达到正常值。

2. 原因分析

燃气发电机组作为场站应急发电机，当市电停电后由燃气发电机组正常供电。其燃气发电机启动可分为“自动”和“手动”两种模式。“自动”模式是发电机检测模块在检测到市电三相无电压后，发出自动启动指令；“手动”模式是由操作人员通过面板手动操作，给发电机一个启动信号。其主要原因有：

（1）发电机燃气压力不足。

（2）零压阀误动或气候变化，燃气发电机空气与燃气混合比不合理等。

（3）燃气发电机控制调速板内部故障。

（4）转速没有达到额定转速。

3. 故障处理

（1）首先在燃气发电机启动前检查燃气压力，其调压后进口压力为 0.2~0.23MPa，如压力低于或高于 0.2~0.23MPa，调整调压阀，使其压力保持在 0.2~0.23MPa。

（2）如零压阀误动或气候变化，燃气发电机空气与燃气混合比不合理，调整空气混合比。

（3）如燃气发电机控制调速板内部发生故障，微调转速旋钮，直至电压正常。

（4）转速没有达到额定转速，检查转速传感器已坏，更换其传感器。

4. 经验教训

（1）发电机电压调节旋钮关系到燃气发电机电压输出高低，在巡检保养中一定要注意不能勿动调节旋钮，对此应加强对维护人员及操作人员的培训。

（2）启动燃气发电机时检查电池电压，之后对燃气发电机的实际输出电压值及面板显示值进行检测对比，确保发电机符合启动条件以及启动后输出电压正常，为负载正常供电。

二、燃气发电机无法启动

1. 故障描述

某日，电气维保人员在 YB××-1 井站巡检时，手动启动燃气发电机组，“手动”启动发电机不成功，多次启动后仍不成功，随后向调度室报告故障情况。

2. 原因分析

燃气发电机组启动不成功的原因有：

（1）燃气发电机组控制板内部故障。

（2）燃气发电机组燃气、机油及冷冻液不足。

（3）燃气发电机组蓄电池电压不足。

（4）燃气发电机组零压阀调节不合适。

3. 故障处理

（1）电气维护人员抵达现场，首先查看发电机面板故障记录，未发现异常。

（2）检查燃气压力、机油及冷冻液等均正常。

（3）随后手动启动发电机，发现发电机启动过程中发动机打火声音异常，初步判断为电池电压异常，用万用表测量蓄电池电压，发现其电压只有 20V（正常为 28V），于是将蓄电池拆卸带回进行充电，待电池电压值达到 28V 后，将蓄电池进行回装，启动发电机仍未成功。

（4）微调零压阀，再次启动发电机成功，故障解除。

4. 经验教训

（1）发电机启动前应对发电机的气压、油压、冷却液等进行检查确认，避免启动后损坏设备。

（2）本次因操作人员不了解设备情况，在一次启动不成功后仍多次启动发电机，使蓄电池电压消耗、降低，对专业人员现场维修调试带来很大困难，因而要加强操作人员井站设备基本知识操作的学习。

三、燃气发电机面板温控声光报警

1. 故障描述

某日，电气巡检人员在巡检 YB××-3 井站燃气发电机时，发现燃气发电机面板上发电机感温探头发出了声光报警（发电机此时处于静止状态）。

2. 原因分析

此次报警的燃气发电机感温探头安装在发电机外壳内，用来检测燃气发电机组撬内温度，当撬内温度高于设定温度时发出报警信号。

燃气发电机温度报警的原因有：

（1）燃气发电机组撬内温度过高。

（2）燃气发电机组感温探头故障。

（3）发电机温度控制回路接线错误。

3. 故障处理

（1）燃气发电机组处于静止状态，撬内温度在 30℃，不存在撬内温度过高的情况。面板上发电机感温探头报警后，电气人员立即拆除温度状态线，暂且解除报警。

（2）随后对发电机内实际温度及温度报警回路接线进行检查并核对图纸，未发现异样，用万用表测量感温探头线路正常，排除感温探头自身故障的可能性，测量刚接入的“HD20901”线路，发现有 24V 的直流电压，接入线路继电器动作报警。确定报警原因为温控回路设计接线错误后，对发电机温控回路进行改线，使用温控回路原有继电器上两个常闭触点，其中 1# 常闭触点和新加 R_2 电阻、系统卡件串接，再将新加电阻 R_1 和 1# 常闭触点串接，2# 常闭触点和系统电源、报警灯串接。改造后，当发电机内实际温度低于温控系统设定值时，感温探头处于常闭状态，使得继电器线圈带电，此时 1# 和 2# 常闭触点断开，面板报警灯回路因无电源而不发出报警，而当温度升高达到或超过设定值时，感温探头断开使继电器失电，1# 和 2# 触点闭合。此时，控制面板报警灯亮起，系统卡件因 1# 触点变化使回路中电阻值减小，电流值增大，反馈于云警信号系统界面。至此，故障解除。

4. 经验教训

（1）全面排查设备内部接线情况，确保无误。

（2）在日常维护保养中，加强发电机控制回路线路的检查。

第二节　电动机泵故障

一、污水提升泵不出液

1. 故障描述

某日，倒班点抽水板房改造完成进行电气设备回装后，电气人员启动 1# 提升泵，发现水泵不出液。

2. 原因分析

1# 提升泵不出液的原因有：

（1）配电箱断路器出线端无电压。

（2）泵体电气二次回路发生线路故障，致使电机无法转动。

（3）电机本身损坏，电机定子绕组短路致使泵体电机无转动。

3. 故障处理

（1）电气人员首先在合上1#提升泵开关后，接触器吸合检查热继电器下侧端子排上有220V电源输出，说明控制箱无故障。

（2）检查电气二次回路线路，无故障。

（3）随后将1#污水泵拆卸连接管线，送电点试抽水泵发现泵体电机未转动，至此排除附件部分的故障原因，接下来检查测试泵体侧线路及泵体电机绝缘值，发现有一相与泵体形成通路，说明此相线对泵体形成短路，至此故障原因为泵体电机绕组短路接地。领取新污水泵安装测试正常后，送电投运抽水正常，故障解除。

4. 经验教训

（1）此次回注倒班点发生的污水泵故障，为电气维保人员对倒班点电气设备没有保养到位，发现问题未及时汇报处理而引起的，应加强对倒班点设备的检查。

（2）污水泵因其特殊的工作环境，安装的污水泵应在安装前对其线路泵体进行检查做好防水工作。

二、移动式甲醇撬加注泵电机跳闸

1. 故障描述

某日，YB××场站值班操作人员反映移动式甲醇撬块加注泵电机在正常运行时，忽然失电，电机停转。

2. 原因分析

移动甲醇撬是车载式移动式甲醇撬，运输方便，其电机停转的原因有：

（1）供电断路器跳闸。

（2）电气控制箱内二次回路线路接触不良或线路故障。

（3）电气控制箱内电器元件故障。

（4）电机本身故障，线圈短路绕组烧坏等。

（5）电机负载过大或机械卡阻。

3. 故障处理

（1）现场检查电机电源控制箱，供电断路器无跳闸。

（2）检查控制箱内一、二次回路线路均正常，拆除控制箱端子排电机电缆，然后按电机启动按钮，接触器吸合后端子排上侧输出380V电压，说明控制线路正常。

（3）拆除电机接线盒电缆，摇测电缆绝缘正常，至此说明故障点在电机本身，将电机带回驻地，测量电动机及其回路绝缘电阻，拆解电机后发现电机定子绕组匝间短路，安装新电机回装测试，甲醇撬块加注泵电机运行正常，故障解除。

4. 经验教训

（1）针对移动式甲醇撬设备，定期进行机泵电气回路等设备的检查保养。

（2）对电机常见故障判断、处理进行经验交流讲解，确保第一时间排除故障。

（3）做好电动机备品备件的申报及准备。

三、缓蚀剂撬加注泵电机有异响

1. 故障描述

某日，电气维保人员按照巡检计划安排进行 YB××–1 场站日常设备巡检工作，在对缓蚀剂电机检测过程中发现 3# 加注泵电机有异响，温度过高。

2. 原因分析

缓蚀剂撬块在元坝气田场站工艺流程中起到加注缓蚀剂的作用，由缓蚀剂卸车泵、四台加注泵、缓蚀剂储罐及测量仪表等组成。缓蚀剂加注泵电机有异响的原因有：

（1）缓蚀剂撬块防雨棚太窄，下雨时，有雨水落到电机的后端盖上，雨水经电机转子主轴进入轴承内，使润滑油乳化，轴承锈蚀，造成轴承加速损坏。

（2）在使用过程中，长期使用同一台泵，未做到交替运行，机泵过度疲劳，加快了轴承的沉滞和疲劳损坏。

（3）电机所使用的轴承为国产轴承，质量一般，经不起长期运转。

（4）缓蚀剂加注泵所配套的电机质量一般，防护等级为 IP55，但实际并没有达到防水保护等级。

3. 故障处理

电气人员发现缓蚀剂加注泵电机有异响后，联系站场值班操作人员将 4# 缓蚀剂加注备用泵投入运行，3# 泵停运，同时电气人员对 3# 泵停电，将 3# 缓蚀剂加注泵电机固定螺栓拆除脱离机泵，进行电机单试并测听电机声音，确定属于电机有杂音，随后将 3# 电机电源线拆除并包扎，带回检修。拆开 3# 泵电机发现电机有进水现象，导致电机轴承运转异常，出现杂音，更换轴承试运，整体安装调试后，加注泵运行正常，故障消除。

4. 经验教训

（1）加强电机巡检力度，发现声音异常等问题及时停运检查。

（2）定期对缓蚀剂电机进行保养检修。

（3）缓蚀剂撬整体加装防雨设施，从根本上解决撬体设备进水的问题。

（4）采购质量较好的轴承备件备用，以便及时检修。

（5）工艺操作人员定期进行机泵相互切换运行，并做好运行记录。

四、污水缓冲罐罐底泵电机无法启动

1. 故障描述

某日，集气总站内操值班人员启动污水缓冲罐罐底泵 B 泵进行排液工作，发现 B 泵远传无法启动，立即通知外操值班人员现场查看 B 泵工况并就地操作，污水缓冲罐 B 泵电机能启动（从外观看风机已启动，其实电机未启动），但打不上压力，压力表读数为“0”，打不出液体，随后进行停泵操作。

2. 原因分析

集气总站污水缓冲罐罐底泵为磁力驱动泵，主要由变频电机、隔离套、磁力转子等部件组成，导致污水缓冲罐 B 泵电机无法正常启动的原因可能有以下几个方面：

（1）泵前过滤器堵塞，停止时间过长导致锈死等。

（2）主回路、二次回路故障，有无空开跳闸、保险击穿、控制线松脱、元器件损坏等。

（3）电机问题，检查对地绝缘电阻，绕组线圈电阻。

（4）变频器参数不对，被错误调整，比如电机启动上升时间、负载类型、额定电流电压、启停方式等。

（5）变频器本体故障。

3. 故障处理

（1）维修人员了解情况后将该泵泵前篮式过滤器打开进行检查，发现过滤网清洁无堵塞。

（2）现场观察后，初步判断变频电机没有正常启动，请求中控室给信号启动 B 泵电机进行单机空载试运，确认控制室给出信号后，发现变频电机风机开始转动，主电机并未启动运转。

（3）确定是主电机未正常启动原因后，检查变频器参数正确，将污水缓冲罐控制箱的主电源断开，对线路进行检查排除：电机、电缆、一次回路、二次控制回路、变频器等均正常。

（4）随后将控制柜的主电源合闸送电，检查一次电源发现变频器电源输入无电压，控制柜上主电源断路器下侧三相均无电压，测量上侧三相电源正常，确定为电源断路器故障。

（5）现场拆卸断路器检查机构合闸不到位，调整开关进行分合闸测试正常。再次启动污水罐 B 泵进行试机，B 泵空载运行正常，将电机跟机泵组件安装好后，确认现场条件启动电机，压力开始上升，排液正常，污水罐 B 泵运行正常。

4. 经验教训

（1）加强同类机泵操作管理，启泵时现场应安排人员确认泵的工况及现场控制箱面板指示情况。

（2）变频器出现故障的原因有很多，在检查的过程中一定要注意安全，按照正常的检查步骤进行操作，切不可盲目操作。

（3）做好电气设备相关备品备件准备，以便及时处理故障恢复正常。

五、YB×× 缓蚀剂电机无法启动

1. 故障描述

某日，YB×× 场站操作人员在启动缓蚀剂加注泵时，查看控制箱面板电源指示灯亮，按下 1# 泵启动按钮后电机无转动，同时启动其他缓蚀剂泵电机无转动，于是立即停止启泵，向调度室汇报。

2. 原因分析

缓蚀剂泵用来向场站工艺流程中加注缓蚀剂，由缓蚀剂卸车泵、四台加注泵、缓蚀剂储罐及测量仪表等组成，每台缓蚀剂泵都配备了压力隔膜报警开关。此次缓蚀剂泵无法启动原因是：

（1）现场控制箱二次回路元器件损坏。

（2）二次回路电源故障或线路接触不良等导致接触器未吸合。

（3）电机本身故障或一次线路故障。

3. 故障处理

接调度室通知后，电气维保人员赶往 YB×× 场站现场，发现控制面板电源指示灯正常，随后打开缓蚀剂撬块电气控制箱，测量进线电源正常，按照电气回路由上而下逐一检查电气元器件及一次线路，未发现异常。再次按下电机启动按钮发现接触器未吸合，同时测量接触器线圈无电压，确定为电气二次线路故障。逐一检测二次回路发现电气二次保险故障，将保险拿出测量发现已熔断，并且二次线路对地有短路现象。因四组隔膜开关电源取自二次回路，拆线逐一检查隔膜开关发现 2# 隔膜开关对地短路，随后更换 2# 隔膜开关及二次保险恢复正常，启动缓蚀剂泵正常运行，故障解除。

4. 经验教训

（1）缓蚀剂电机在场站的使用率很高，故应在设备巡检保养时，重点加强检查及维护保养。

（2）因缓蚀剂电机隔膜开关安装于机泵上侧，容易进水导致发生隔膜开关短路，致使电机无法启动运行，故应对隔膜开关做好防进水保护工作。

（3）隔膜开关如发生短路后，会致使二次保险熔断，全部电机都无法启动，故回路应安装控制开关单个控制隔膜开关电源。

（4）做好隔膜开关保险等常用备品备件的准备。

六、注水泵变压器低压侧增加空气开关

1. 故障描述

回注 1 井注水泵由 132kW 的变频器启动，正常时一台变频器一拖二，控制两台注水泵的运行，但变频器出现故障时，还有一台软启动装置控制 P-××102B 泵，确保生产正常开展，2014 年 12 月中旬，变频器在使用过程中出现主板故障，操作人员紧急切换软启动装置，开启 P-××102B 泵注水，启动 5s 后，全站出现停电现象，操作工通知电气专业人员进行现场抢修。

2. 原因分析

电气专业人员现场检查发现，造成全站停电的原因是线路负荷过载造成变压器出口低压侧保险丝烧掉，维修人员通过调度通知高压侧停电后，在更换同规格保险丝后，对现场各撬块逐一检查送电，送电完毕后，操作人员检查注水流程，确认无误后，通过软启动装置启动 P-××102B 泵，启动 5s 后，同样出现低压侧保险丝烧掉的情况。

3. 故障处理

检修人员观察软启动时的电流变化，发现 3s 变化的电流值，10s 时电流是 190A，设备停止前，电流峰值达 490A，完全超过低压侧保险丝额定电流，通过第二次软启动柜的电流值判断，软启动时电流值过大，电气技术员汇总现场情况写了故障报告报元坝采气大队，并请胜利设计院电气设计专业人员协调解决，设计院回复回注 1 井变压器额定容量 315kVA，低压侧输出电流 454.7A，软启动在启动瞬时电流会超过变压器额定电流造成保险丝烧毁，设计变更在回注 1 井变压器出口增加一个 500A 空开。

4. 经验教训

由于设计前期未考虑到软启动负荷过载情况，造成软启动烧保险丝情况，二期项目回注 2 井变压器更换为 400kVA，变压器出口的保险丝更换为空气开关，在软启动使用过程中并未出现类似情况。

七、观测井潜水泵不起量

1. 故障描述

回注 ×× 井 1# 观测井在开工初期出现潜水泵打不起量故障，泵启动后，在井口能听见泵运转的声音，但取样管无出水，操作人员停止潜水泵运转，报告设备检修人员进行处理。

2. 原因分析

观测井深 95m，检修人员打开观测井盖板，向井下丢一小块土，3s 过后能听见水击声音，初步判断井中有水，造成潜水泵不起量的原因可能是：

（1）水井底部土质松软，井壁土垮塌造成潜水泵被泥土掩埋，所以运行时不起量。

（2）井底水位过低，潜水泵未完全放入水中，所以运行时不起量。

（3）潜水泵设备本身有问题，导致运行时不起量。

3. 故障处理

为了查明原因，电气维修人员切断潜水泵的电源，设备检修人员把机泵从井底拉出，对设备进行全面检查，机泵被拉出井口后，检修人员发现潜水泵完全被水浸湿，首先排除井底水位过低的情况，进一步检查发现潜水泵入口过滤网被泥土塞满，设备检修人员拆卸后用清水进行冲洗，再把潜水泵放入清水池中通电运转，发现潜水泵正常工作，然后把潜水泵放入井中，启动潜水泵，取样管能正常出水，确定为井底泥土进入潜水泵入口滤网，造成潜水泵滤网内被泥土塞满，导致潜水泵运转时不起量。

4. 经验教训

（1）潜水泵不能全部沉入井底，下放时要先完全入底，再拉起来0.5~1m，固定好钢丝绳。

（2）观测井要定期清洗，抽走井底的淤泥。

（3）观测井的潜水泵要定期拉出检查和清洗过滤网。

八、污水站机泵无法就地 / 远程启动

1. 故障描述

开工调试期间，YB××井污水站10台螺杆泵无法就地 / 远程启动。

2. 原因分析

电气、自控人员通过共同分析认为，造成机泵无法启动的原因主要有：

（1）电机损坏，但10台电机都无法启动，显然不全都是电机问题。

（2）操作柱万向启动开关损坏，显然10台螺杆泵不会同时损坏。

（3）电机主电源跳闸，电气专业人员检查发现电机柜无电源跳闸情况。

（4）自控联锁造成机泵无法启动，检查发现无联锁停泵情况。

（5）电机二次启动回路接线端子松动，而检查发现接线端子没有松动。

3. 故障处理

电气、自控、施工方组织人员检查发现，自控机柜控制机泵启动的继电器没有24V DC电源，DO卡件为无源输出，查看设计图纸，设计要求系统机柜厂家在回路配24V DC电源，但机柜厂家未配该回路电源，造成机泵无法启动，系统厂家通过机柜改线重新配24V DC电源后，再次测试，机泵能正常启动。

4. 经验教训

（1）系统机柜出厂前要做好FAT测试。

（2）系统机柜到达现场后要做好检查。

第三节　供电干线设备故障

一、元坝气田集输 10kV 南线跳闸

1. 故障描述

某日，110kV 变电站主控室后台报文显示“970 元坝集输 10kV 南线：过流速断保护信号动作”“970 元坝集输 10kV 南线：断路器分断”“10kV 2# 消弧线圈：控制器接地报警预告信号产生”，后台报警。

2. 原因分析

10kV 集输南线为 YB×× 井、YB××-3 井、YB××- 侧 1 井、F#、G# 基站等场站、基站供电。主要原因有：

（1）自然灾害性因素引发的线路故障：主要是指气候、季节的变化（特别是雷击事故）引起的导线烧断、线路故障跳闸、线路故障停电、电杆倾斜或倒塌事故等。

（2）配电设备质量问题及线路设备自身缺陷引起短路。

（3）外力破坏事故性线路故障。

（4）树木等造成的线路故障接地。

（5）运行维护经验不足，巡视检查不到位引发的线路故障。

3. 故障处理

发现该故障报警后，电力调度立即向生产调度、值班干部汇报“970 元坝集输 10kV 南线过流速断跳闸”，并将该故障告知线路维护值班干部。值班人员到 10kV 中压配电室进行检查，元坝集输 10kV 南线 970 开关分位，综保上速断动作指示灯亮，查看跳闸记录发现 A/B/C 三相短路，最大短路电流 1.2kA；查看故障录波装置，10kV 母线三相电压降低最大达 19%，并将该情况汇报给值班干部。

16 时 15 分，值班干部作出指示，因天气情况恶劣，雷电较为频繁，暂时不进行遥测绝缘，待天气好转。

17 时 14 分，值班干部下令试送元坝集输 10kV 南线 970 开关，未成功。值班人员遥测线路三相对地绝缘为 0MΩ，相间绝缘为 0MΩ，并将测量结果告知线路维护值班干部。

17 时 30 分，线路维护值班人员汇报：“已拉开集输南线所有分支杆”。运行值班人员再次对元坝集输南线进行摇测，三相对地绝缘为 0MΩ，相间绝缘为 0MΩ，不具备送电的条件。线路维护人员逐个检查分支杆，检查发现 34# 杆上瓷瓶损坏，导致线路接地，引起跳闸。

7 月 31 日 9 时前及时更换完成线路上损坏的瓷瓶，9 时 10 分元坝集输 10kV 南线绝缘摇测结果：A 相 6MΩ、B 相 8MΩ、C 相 10MΩ，AC、AB、BC 相间 20MΩ，9 时 15 分，元坝集输 10kV 南线 970 开关试电成功。

4. 经验教训

（1）加强线路的巡检工作，排除隐患。

（2）定期对线路进行维护保养，发现隐患及时处理。

二、10kV 集输西线“零序过流”跳闸

1. 故障描述

某日，10kV 变电站电力调度控制中心事故喇叭报警，计算机后台显示 10kV 2# 消弧线圈控制器接地报警、10kV 集输西线“零序过流”保护信号动作开关跳闸，10kV 集输西线单相接地，开关跳闸，全线失压。

2. 原因分析

10kV 集输西线架空线路全长 62.28km，该线路呈树状，纵横交错分布在苍溪县境内，线路沿途地貌非常复杂，由于下雨线路绝缘低，容易出现接地现象。经过事后调取后台报警报文记录、故障录波仪波形记录、高压综保装置故障波形记录等以及现场综合情况分析。主要原因如下：

（1）自然灾害性因素引发的线路故障：自然灾害引起的导线烧断、线路故障跳闸、线路故障停电、电杆倾斜或倒塌事故等。

（2）配电设备质量问题及线路设备自身缺陷引起短路。

（3）外力破坏事故性线路故障。

（4）树木等造成的线路故障接地。

3. 故障处理

19 时 00 分，10kV 集输西线“零序过流”保护信号动作开关跳闸，19 时 01 分，将故障情况汇报厂生产调度、值班干部，并通知线路维护值班干部。19 时 18 分，线路维护人员拉开 10kV 集输西线 95# 杆分段断路器，19 时 21 分，值班运行人员对 10kV 集输西线强送电成功，送电范围 10kV 集输西线 1# 至 95# 杆；20 时 04 分，线路维护人员合上 10kV 集输西线 95# 杆分段断路器，10kV 集输西线全线恢复供电。

20 时 26 分，10kV 集输西线“零序过流”保护信号动作开关再次跳闸，值班运行人员将故障情况汇报厂生产调度、值班干部，并通知线路维护值班干部，20 时 33 分，线路维护人员拉开 10kV 集输西线 95# 杆分段断路器；20 时 36 分，值班运行人员对 10kV 集输西线强送电成功，送电范围 10kV 集输西线 1# 至 95# 杆。20 时 48 分，10kV 集输西线“零序过流”保护信号动作开关再次跳闸；因天气好转，值班运行人员遥测 10kV 集输西线对地

绝缘 44kΩ，不具备送电条件，汇报生产调度 5 月 3 日进行检查处理；21 时 00 分，值班运行人员将 10kV 集输西线转检修。

5 月 3 日 7 时 52 分，线路维护人员开始对 10kV 集输西线进行巡视检查，11 时 25 分，线路维护人员拉开 10kV 集输西线 1# 至 95# 杆所有分支断路器；11 时 40 分，值班运行人员遥测 10kV 集输西线 1# 至 95# 杆主干线绝缘电阻：三相对地 200MΩ、三相相间 800MΩ，绝缘合格；12 时 15 分，值班运行人员将 10kV 集输西线 962 开关由检修转运行恢复 1# 至 95# 杆主干线供电；12 时 25 分，合上 10kV 集输西线 95# 杆分段断路器，10kV 集输西线 95# 杆以后所有负荷恢复供电；13 时 27 分，线路维护人员恢复 10kV 集输西线除 YB×× 支线（初步判断故障点所在线路）外所有负荷的供电，开始对 10kV 集输西线 YB×× 支线进行特殊巡视检查；18 时 12 分，10kV 集输西线故障点被找到，为 YB×× 井支线 33# 杆 B 相跳线与绝缘子金具之间有一只被电死的猫头鹰；19 时 35 分，故障点处理完毕，线路维护人员合上 10kV 集输西线 YB×× 井支线断路器，10kV 集输西线全线恢复供电。

4. 经验教训

（1）加强线路的巡检工作，排除隐患。

（2）定期对线路进行维护保养，发现隐患及时处理。

第四节 UPS 系统供电故障

一、阀室和采气井场 UPS 系统交流输出零地电压超高

1. 故障描述

元坝气田试采工程 B#、C#、D# 阀室及 YB××-1 场站采用的 15kVA UPS（型号：UHA3R-0160L）系统，测量其交流输出的零地电压超高（40V 左右），零地电压过高，对后端负载的可靠运行带来较大安全隐患，UPS 输出侧没有独立的输出开关，使得 UPS 的维护操作更是具有极大的风险。

2. 原因分析

线路零线接触不好或断线。经检测确认，出现此现象的原因是该 UPS 系统输出侧均配置了△/Y 型隔离变压器，使得整个系统的交流输入、输出零线没有直通，即交流输出侧零线悬空，从而导致零地电压偏高（注：交流输入侧零地电压正常）。同时现场检查还发现，虽然 UPS 系统都配置了外部维修旁路，但 UPS 交流输出却没有配置输出开关，一旦 UPS 出现故障需要更换维修时（该 UPS 维修模式为整机更换），无法将 UPS 完全隔离出来，只能在 UPS 输出端子带电的情况下进行更换操作，因而具有极大的风险和安

全隐患。

3. 故障处理

在发现、明确此问题后，通过及时与相关负责人对接，明确改造方案具体技术要求。组织人员现场勘查检查确认，了解施工现场的条件，包括施工环境、路线的整改方法、用电条件等情况。确认达到作业条件后进行人员分工，明确作业人员的作业范围及职责。具体操作作业流程如下：

（1）按 UPS 所带负载正常步骤关机。

（2）拆除 UPS 输出旧交流电缆。

（3）安装新增加的 UPS 输出开关。

（4）连接 UPS 输出电缆。

（5）改造 UPS 外部维修旁路的零线。

（6）UPS 系统上电开机并进行输出零地电压测量、UPS 与外部维修旁路相互切换。

（7）功能测试；UPS 所带负载按正常步骤开机，检查运行情况。

4. 经验教训

（1）加强 UPS 等设备到货后的验收工作。

（2）UPS 安装调试要按程序进行，安装过程中仔细检查是否存在设备隐患，有问题要及时处理。

（3）做好设备的日常巡检和定期维护保养工作。

图 6–1~ 图 6–4 为阀室、场站 UPS 改造前、后图。

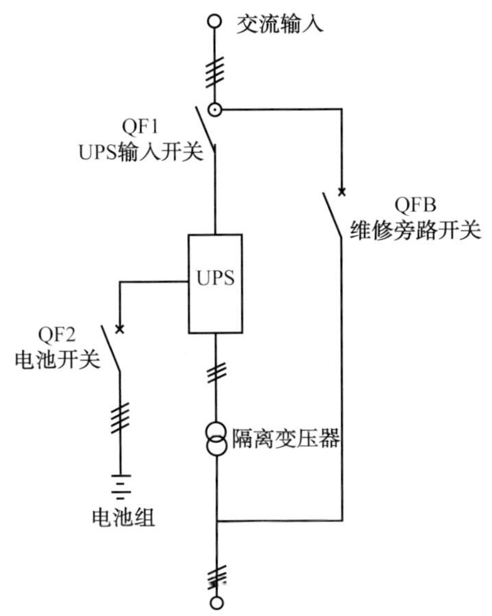

图 6–1　阀室 UPS 改造前

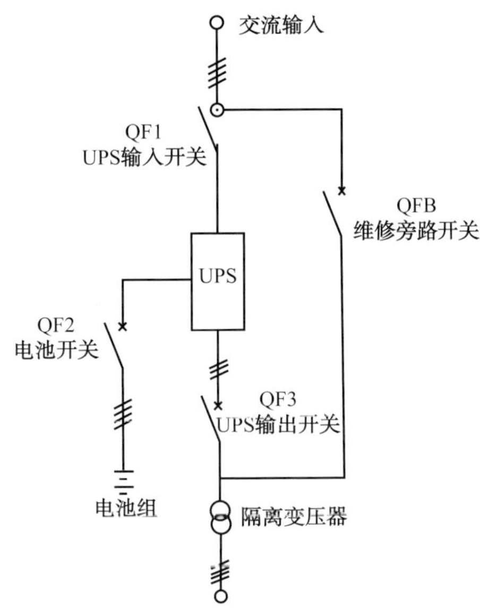

图 6 2　阀室 UPS 改造后

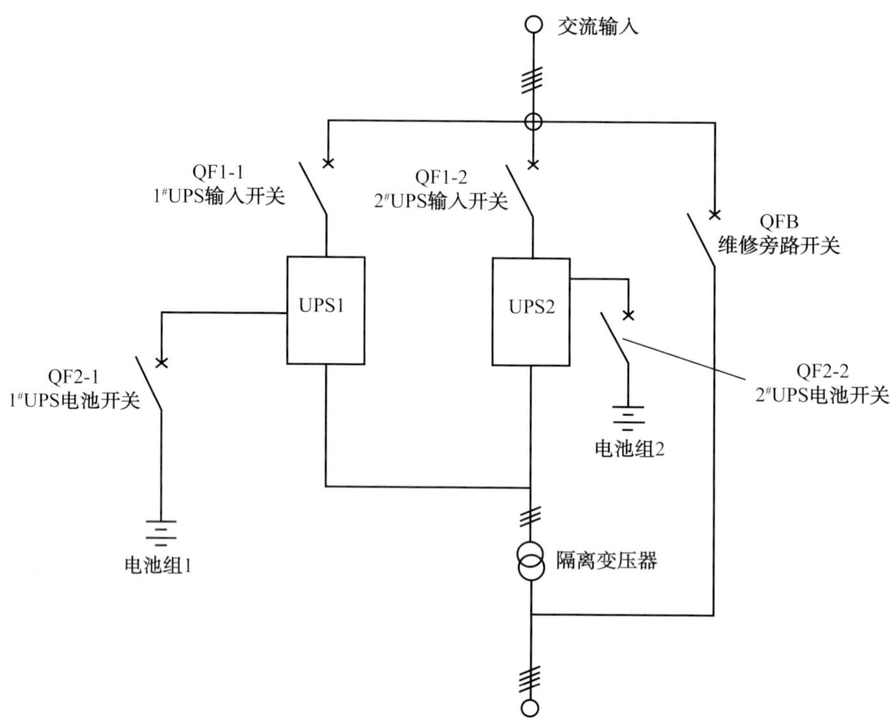

图 6–3　场站 UPS 改造前

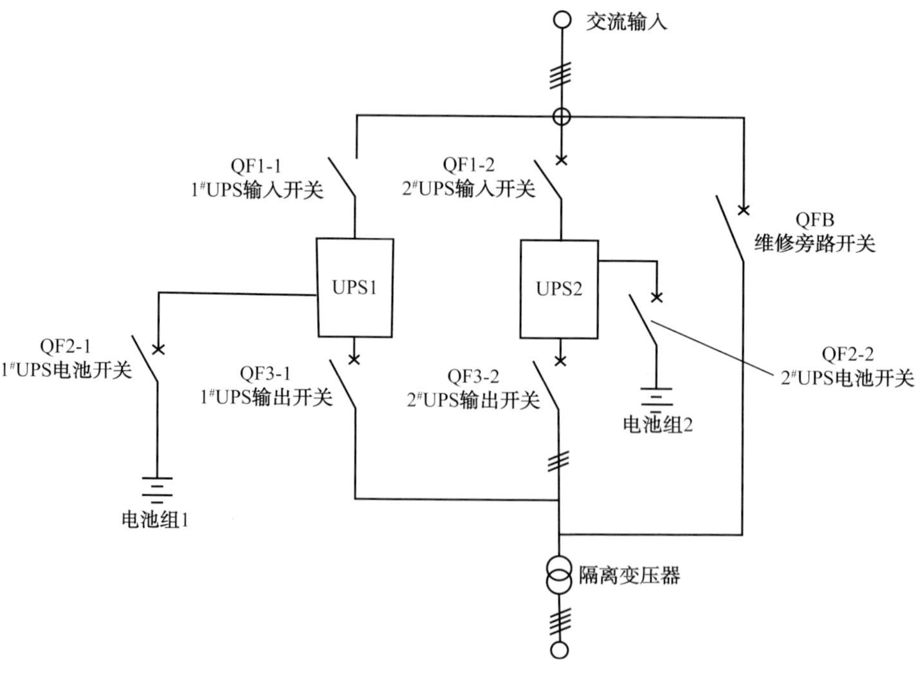

图 6–4　场站 UPS 改造后

二、场站 UPS 电池输出异常报警

1. 故障描述

某日，YB××-3 场站正常生产，值班人员进行巡检时，发现 UPS 配电间 UPS 主机控制面板电池输出异常声光报警，立即向生产调度室汇报情况。

2. 原因分析

当场站市电停电后，UPS 电源将蓄电池组放电，将蓄电池组直流电压通过逆变器转换成交流电，给场站一级负荷及关键二级负荷供电。

UPS 电池输出异常报警的原因常有：

（1）UPS 蓄电池直流断路器跳闸。

（2）UPS 蓄电池组单个蓄电池发生开路。

3. 故障处理

接到生产调度通知后，电气维护人员抵达现场发现 1#UPS 控制面板显示报警，随后检查调取 UPS 控制器历史故障记录，显示为“电池输出异常”。

（1）检查蓄电池组直流断路器是否跳闸。

（2）随后对 1#UPS 电池组进行检查检测，测量发现电池输出空开下侧无直流电压输出，于是确定故障点为蓄电池组。检查电池组之间连接线接触良好，再对每个蓄电池直流电压逐一测试，发现 19# 电池正、负极之间无电压，其他电池均正常，说明 19# 电池开路损坏，紧急领取备用蓄电池进行更换后，UPS 电池输出正常，故障解除。

4. 经验教训

（1）在巡检保养过程中，应重点加强 UPS 及蓄电池的检查。

（2）针对一期及二期场站 UPS 具体型号，做好相关备品备件准备。

（3）UPS 是场站重要电气设备，应加强维保人员及井站操作人员的学习培训，使其掌握基本知识。

第五节　其他电器设备故障

一、YB×× 井污水站 P-18305A/B 泵增加变频器

1. 故障描述

YB×× 井污水站 P-18305A/B 是两台污水汽提泵，主要是把污水站 3#、4# 池的含硫污水通过汽提泵输送到 YB×× 井污水站汽提塔进行汽提，以降低污水中 H_2S 的含量，汽提后的污水进入污水站接收罐。开工初期，当启动单台汽提泵时，3~5min 汽提塔的液位

就会过高而停泵，当汽提塔的液位降低后再次启泵汽提，造成机泵频繁启停，对设备的磨损加快，操作人员的工作量增大。

2. 原因分析

P-18305A/B 泵的额定流量为 $15m^3/h$，汽提塔单塔的设计汽提量为 $6m^3/h$，两个塔同时运行时为 $12m^3/h$，因而是由机泵的流量大于汽提塔的汽提量造成的。

3. 故障处理

将汽提泵存在的问题书面上报元坝采气大队，由元坝采气大队协调设计院解决，设计院对 P-18305A/B 泵进行技改，在原机泵控制柜区域增加两套变频器，通过变频调节 P-18305A/B 泵的输入流量。

4. 经验教训

汽提泵的流量为 $15m^3/h$，而汽提塔的流量为 $12m^3/h$，因而要杜绝设计本身存在缺陷。

二、元坝大坪污水站空间除硫装置风机电缆更换

1. 故障描述

大坪污水站 6 个密闭污水池是通过离心风机将池内的含硫气体抽走，在空间除硫区域用碱液中和处理。6 台离心风机在运行 3~9 个月后，其中有 3 台风机出现跳闸停机现象。

2. 原因分析

电气维修人员检查发现，造成风机停机的原因是电缆相间短路，具体短路点因电缆埋地而无法判断。

3. 故障处理

电气维修人员编写电缆更换施工方案，将埋地电缆进行更换，并把原电缆挖出后进行检查，发现电缆有短路点有明显损伤痕迹，电缆保护套破损造成线路短路。

4. 经验教训

（1）电缆的质量要检查好，并测量好电缆的绝缘，在确保后才能使用。

（2）防止野蛮施工，以免电缆在放线过程中强行拉、拽，造成电缆内保护套磨损。

三、YB××-3 分水分离器电伴热运行不正常

1. 故障描述

某日，电气维保人员在检查该站分水分离器电伴热时，发现电伴热送电后无发热现象，过几分钟后仍然无发热。

2. 原因分析

电伴热是为设备管线及阀门进行加热，防止管线内结冰堵塞而设。其故障原因有：

（1）电伴热无电源。

（2）电伴热开关故障或电源电缆故障。

（3）电伴热伴热带断线等故障。

3. 故障处理

（1）首先检查电伴热断路器出线端有无电压，排除电伴热无供电电源的情况。

（2）拆开电伴热电源接线箱后检查，发现电伴热电源线和接地线接线混乱，将电源相线与地线接错，随后核对线路并正确安装接线，检查绝缘合格后送电，电伴热发热正常，故障解除。

4. 经验教训

（1）加强电气设备内部接线线路检查确认。

（2）加强线路绝缘电阻检查。

四、YB××-2H井电动大门无法打开

1. 故障描述

某日，YB××-2H场站操作工在日常巡检时，用遥控器打开井站电动大门时，发现大门未动作，无法打开，随后向调度室汇报。

2. 原因分析

场站有轨不锈钢电动收缩门是由220V交流电动机提供动力的。由遥控器或远程信号控制电动大门，埋在地下的感应磁头定位是电动大门的自动开关点。通常，电动大门打不开的原因有：

（1）配电动大门的控制箱进线无电源。

（2）电动大门因漏电而使漏电保护器动作跳闸。

（3）电动机故障或伸缩门轨道有卡死现象。

（4）控制器故障或二次回路线路接触不良。

（5）检查遥控器及内部的电池。

3. 故障处理

电气人员到场后，检查电动大门配电抽屉柜电源指示正常，电源空开未跳闸，现场检查大门轨道无污泥堵塞现象，同时打开电动大门控制箱，检测控制箱内进线电源电压正常，电机绝缘合格，继续检查测量二次控制回路，发现二次保险熔断，更换保险后启动正常电动大门，故障解除。

4. 经验教训

（1）定期对电动大门轨道进行清理润滑，以免卡死烧毁电机。

（2）在进行场站巡检保养时，对电动大门控制箱内二次回路和电机等进行检查保养。

（3）做好电动门回路保险、电池、电动机等常用备品备件的准备。

五、YB××-1H 场站照明灯具全部熄灭

1. 故障描述

某日，电气维保人员接元坝采气管理区生产调度通知：YB××-1H 场站照明状态异常。

2. 原因分析

电气维保人员到现场后发现配电抽屉柜电源指示正常。场站照明由时间自动控制器控制，设置时间为晚 7 时 30 分自动开，早 6 时 30 分自动关。场站照明灯具不亮的原因有：

（1）现场照明灯具进水等造成短路。

（2）抽屉柜插头接触不良导致电源不通。

（3）抽屉柜内二次线路接触不良或接触器损坏。

（4）时控器设置错误、系统紊乱或时控器自身损坏。

3. 故障处理

（1）现场查看照明灯具全部为熄灭状态，照明回路漏电断路器无跳闸，排除现场灯具进水短路的可能性。

（2）查看场站照明抽屉柜，电源指示灯亮，开关处于合闸状态，主线路绝缘良好。

（3）检查接触器，测量接触器线圈阻值正常，检查二次回路保险等均正常。

（4）再次检查时控器，发现时控器“手动 / 自动”设置错误，随后对时控器重新进行了设置，将“手动 / 自动”打到“开”再打到“自动”，将抽屉柜送电后场站照明灯全亮，故障排除。

4. 经验教训

（1）此次故障原因为时控器设置故障，因而要加强场站值班人员对照明时控器的操作维护学习。

（2）照明灯具防水材料腐蚀老化，在多雨水时容易进水导致照明回路跳闸，在日常巡检过站中应加强对现场灯具防水检查。

（3）做好照明灯具等备品备件的申报及准备。

第七章　通信系统常见故障判断与处理

本章主要对应急疏散设备、通信基站设备、信息化系统、数字集群系统、视频监控系统以及其他通信系统故障的判断和处理措施进行详细的分析和描述，为油气田通信系统相似故障的判断与处理提供借鉴。

第一节　应急疏散设备故障

一、紧急疏散广播终端电源故障

1. 故障描述

某日，在巡检过程中发现居民住户家紧急疏散广播终端电源指示灯显示不正常，终端无声音输出。

2. 原因分析

主要由以下原因造成：

（1）居民住户紧急疏散广播终端供电不正常。

（2）紧急疏散广播终端电池故障。

3. 故障处理

针对上述原因，采取了如下措施予以解决：

（1）检查紧急疏散广播终端电池是否插好，若没有插好则插好终端电池。

（2）插上市电插头。

（3）插上 220V 市电插头，如果电源指示灯显示不正常，拔掉 220V 电源线，拔掉电池，再重新插上电池，如果灯不亮，且喇叭没有沙沙声，则可能电池电量耗尽，需充电或更换电池。

4. 经验教训

（1）在安装和巡检时要注意告知居民紧急疏散广播终端的重要性，劝阻居民不要对终端进行拔电处理。

（2）在日常管理中需要对紧急疏散广播终端电池进行及时更换及修复。

二、紧急疏散广播终端分区及频率故障

1. 故障描述

某日，在巡检过程中发现部分居民家中紧急疏散广播终端电源指示灯显示正常，但无声音输出。

2. 原因分析

主要由以下原因造成：

（1）分区信号丢失导致未收到播放分区。

（2）场强较小，未达到终端对信号的接收的最小阀值。

3. 故障处理

针对上述原因，采取了如下措施予以解决：

（1）看指示灯是否快闪，如果不闪，表示没收到报警命令。此时，用手持设备读取终端的 ID 号、分区号和频率是否正常，如果不正确，则重新设置分区和频率，并用离线下载器对该终端升级程序。

（2）再用场强仪查看是否有场强，发射机是否已开，用收音机听是否有音乐。如收音机有音乐，终端依旧不响，则拔掉电池和 220V 电源线，调整天线角度，等几秒后再重新插上，复位终端。

4. 经验教训

紧急疏散广播终端存储存在缺陷，存在分区信号丢失的情况，由于设计缺陷原因，在停电后优先给电池供电。通过升级改造，分区信号固定在终端内，停电后不会丢失。终端在停电后优先给终端主板供电，确保电池在长时间溃电通电后终端能收到分区信号。

三、防空警报器远程无法打开

1. 故障描述

某日，在中心控制室机房远程打开防空警报器，防空警报器不响，紧急收音指示灯不能快闪。

2. 原因分析

主要由以下原因造成：

（1）没有点到该分区的信息。

（2）分区信息错误或丢失。

（3）分区信号弱。

（4）OTE7612 可寻址终端没有电力输入。

3. 故障处理

针对上述原因，采取了如下措施予以解决：

（1）检查供电线路是否正常。

（2）用手持设备读取 OTE7612 的 ID 号、分区和频率信息，核对是否正确，如果不正确，则用手持设备重新点名。

（3）用场强仪测量机柜间场强，低于 35dB，则查看室外天线是否接好，馈线头是否松动或者馈线是否进水，如有异常进行处理即可。

4. 经验教训

由于元坝气田场站分布在山坳中，通信基站广播信号未能全面覆盖，场站机柜间由于是封闭空间，信号较弱，需增加天线。

四、紧急疏散广播系统播放无声音

1. 故障描述

某日，在进行紧急疏散广播系统巡检测试时发现，居民家中的应急广播没有声音输出，通信基站发射机功率正常，激励器工作正常。

2. 原因分析

主要原因为：控制服务器远程登录时误操作。

3. 故障处理

针对上述原因，采取了如下措施予以解决：

（1）远程登录服务器（图 7–1）。

（2）在弹出登录界面时，把“在远程计算机上播放”选中即可（图 7–2）。

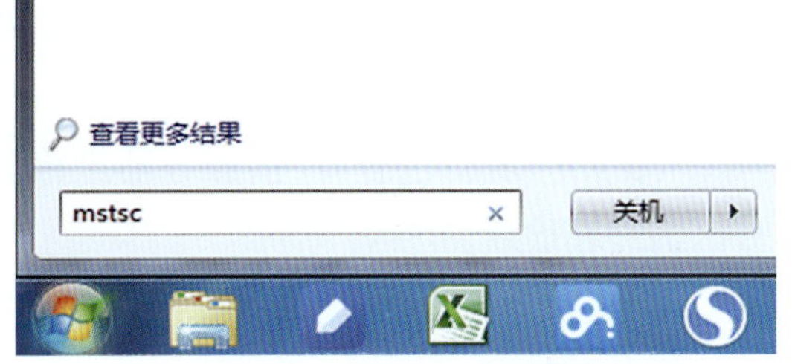

图 7–1　远程登录服务器

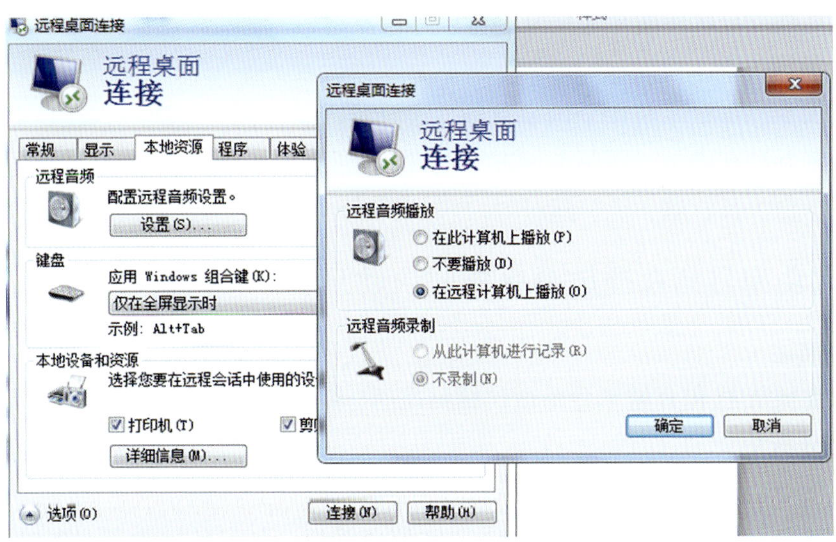

图 7–2　选中“在远程计算机上播放”

4. 经验教训

在进行紧急疏散广播系统登录后台操作时要小心谨慎。当紧急疏散广播没有声音输出时，可以用校园广播收音机进行确认，也可以通过中心控制室机房 7500 多功能主机监听服务器现场确认是否有声音。

五、防空警报器误响

1. 故障描述

某日，元坝气田紧急疏散广播系统中的防空警报器在没有远程开关的情况下，误响 10s 左右后防空警报器声音自行终止。

2. 原因分析

主要由以下原因造成：

（1）多功能主机与服务器数据同步，发射机与多功能主机通过网络主备链路连接，广播系统分区与通信基站发射机系统数据实时通信，元坝气田所有广播分区在 3s 之内进行循环传输。

（2）当传输链路不稳定时，通信基站发射机会将任意分区点名并播放，防空警报器收到分区信号后自己开启。

（3）多功能主机与广播服务器进行数据校验，当发现数据错误时发射机自动终止该分区的终端播放。

（4）防空警报器未收到该分区的播放分区信息，防空警报器终止声音播放。

3. 故障处理

对多功能主机进行系统升级，对校验功能进行升级，由原来校验一次升级至校验三次，确认无误后将播放分区传输至通信基站激励器与发射机。

4. 经验教训

元坝气田紧急疏散系统在全国是首例，设计及产品存在一些缺陷，在日常巡检维护过程中及时发现并处理隐患，在紧急情况下能发挥紧急疏散广播系统的疏散作用，可保障元坝气田“安、稳、长、满、优”运行。

六、大功率号角在播放分区外时自动开启

1. 故障描述

某日，在播 A 村和 B 村紧急疏散广播终端时，C 村及 D 村大功率号角自动开启。

2. 原因分析

主要由以下原因造成：

大功率号角可寻址接收器 OTE7612 分区信息丢失，可寻址接收器 OTE7612 分区恢复出厂数据，默认为 1。A 村和 B 村部分广播终端分区为 1，当打开分区为 1 的紧急疏散广

播终端时，分区为 1 的大功率号角会开启。

3. 故障处理

针对上述原因，采取了如下措施予以解决：

（1）用手持设备读取 OTE7612 的 ID 号、分区和频率信息，核对是否正确，如果不正确，则用手持设备重新点名。

（2）对于更改后分区仍为 1 的大功率号角可寻址接收器，通过串口线对主板程序进行更改，对主板的分区信息进行固定锁死，不会因为外因导致分区归 1。

4. 经验教训

元坝气田大功率号角在居民集中区，涉及疏散人员较多，第一时间准确地告知附近居民疏散指示十分关键。在日常点名时要谨慎小心，不要将分区信息误下发，导致广播终端信息错误。

七、大功率号角远程无法打开

1. 故障描述

某日，在巡检时发现集中区大功率号角远程无法打开。

2. 原因分析

主要由以下原因造成：

（1）没点到名或分区设置错误。

（2）信号弱。

（3）功放问题。

（4）避雷器问题。

3. 故障处理

针对上述原因，采取了如下措施予以解决：

（1）用手持设备读取 OTE7612 的 ID 号、分区和频率信息，核对是否正确，如果不正确，则用手持设备重新点名。

（2）用场强仪查看场强强弱，看发射机是否打开，看 OTE7612 的指示灯是否快闪，如果快闪，则表示已经打开，如果不快闪，则表示没有打开。

（3）查看功放是否有电源，查看功放对应的音量电位器是否调到合适的大小，功放上的分区按钮是否按下，后面的连接线是否连接正确等。

（4）避雷器是否启动了保护（如果 PROTECT 保护灯亮，需要重新启动避雷器的电源，应为 RUN 绿灯亮）。

4. 经验教训

大功率号角处在人员密集区，市电不稳定，会导致大功率号角供电不稳定，避雷器长时间串联在设备之间容易导致避雷器保护，导致大功率号角无法出声音，对 UPS 及蓄电池进行定期测试，发现隐患及时处理。

第二节 通信基站设备故障

一、通信基站 5.8G 链路故障

1. 故障描述

某日，巡检人员对通信基站进行巡检，发现被 A#、B#、C#、D# 通信基站 5.8G 链路传输失败，相关监控业务显示传输失败。

2. 原因分析

主要由以下原因造成：

（1）二期通信基站 5.8G 全部掉线，排除通信基站设备问题。

（2）查询二期通信基站 5.8G 汇聚链路失败，所有二期传输汇聚链路全部通过 3# 通信基站传至管理中心，因此断定为二期汇聚链路故障。

3. 故障处理

针对上述原因，采取了如下措施予以解决：

（1）通过网关 ping 3# 通信基站室内 350M 微波发射单显示传输正常。

（2）通过网关 ping 生产调度中心应急救援中心 3# 通信基站接收单显示传输失败，由此判断 3# 通信基站至应急救援中心传输故障。

（3）应急救援中心现场查看发现 350M 微波接收单元网线松动，紧固网线接口，5.8G 微波交换机网口灯闪烁。

（4）二期通信基站 5.8G 传输链路正常，业务可正常进行。

4. 经验教训

（1）5.8G 微波系统会因为天气的原因导致丢包，投运时间越长，微波设备发射功率会随之减小。铁塔上的馈线由于暴晒与雨水会导致馈线进水。及时观察 5.8G 链路的状态可以及时查找隐患，及时处理，在光传输链路中断的情况下能发挥备用链路的作用，保障气田 800M 数字集群系统和紧急疏散系统的正常运行。

（2）5.8G 微波链路中断包括单站中断及全部中断，根据情况具体分析，不要盲目登塔检查微波的天馈系统。

二、柴油发电机无法启动

1. 故障描述

某日，巡检人员在对 A# 通信基站巡检时，对柴油发电机进行日常检查，手动开启触

摸板屏幕开启按钮后，柴油发电机无法启动，电机启动声音异常，反复启动几次，发电机依旧无法启动。

2. 原因分析

主要原因是发电机启动电池电压未达到标准值。

3. 故障处理

针对上述原因，采取了如下措施予以解决：

（1）将发电机启动电池卸下，用蓄电池充电器进行充电。

（2）对于长期馈电的蓄电池，在充电后电池电压依旧不达标的，用蓄电池活化修复仪进行修复和活化，若修复活化失败，则对柴油发电机电池进行更换。

4. 经验教训

（1）柴油发电机启动蓄电池名义电压通常为12V，而实际电压随充电和放电情况而定。随着放电过程的进行，电压将缓缓下降，当电压降到10V以下时，不应再继续放电，否则电压将急剧下降，影响蓄电池的使用寿命。

（2）柴油发电机在日常巡检时测试发电时长为0.5h，一个月巡检一次。由于充电时间短，长时间馈电，不能给蓄电池均充，会大大缩短柴油发电机启动蓄电池的使用寿命。

（3）及时采购新蓄电池，柴油发电机的正常使用年限为3年，预达到使用年限的电池需进行更换，确保在市电停电的情况下柴油发电机能正常工作，保障通信基站通信设备正常运行。

三、柴油发电机启动后停车

1. 故障描述

某日，巡检人员在对B#通信基站巡检时，对柴油发电机进行日常检查，手动开启触摸板屏幕开启按钮后，柴油发电机启动正常，三项电压输出正常，但启动0.5min后自动停车。

2. 原因分析

主要由以下原因造成：

（1）柴油发电机触摸板程序错误，程序丢失，系统自检程序失败。

（2）柴油发电机触摸板控制采集线松动，数据无法采集，导致系统程序错误。

3. 故障处理

针对上述原因，采取了如下措施予以解决：

（1）紧固柴油发电机触摸屏采集监控数据线，保持系统监控数据正常。

（2）柴油发电机触摸板PLC程序丢失，板件损坏，导致柴油发电机停车。

4. 经验教训

柴油发电机开车后振动较大，采集数据的连接头由于长时间振动导致接线松动，系统误判为发动机故障，自我保护停车。每月在巡检通信基站时，对柴油发电机面板出来的控制线进行梳理并紧固，确保柴油发电机正常运行。

四、通信基站 UPS 状态无法监控

1. 故障描述

某日，中心控制室在远程监控 UPS 及市电状态时，不能打开 UPS 监控画面。

2. 原因分析

主要由以下原因造成：

（1）ping 通信基站 UPS 监控地址无法 ping 通。

（2）查询通信基站交换机其他状态为良好，证明通信基站至生产调度中心光传输链路正常。

（3）现场检查板卡与交换机链路，确保通信正常。

（4）断定 UPS 网络监控板卡损坏。

3. 故障处理

UPS 网络监控板卡属于集成设备，无法修复只能更换 UPS 网络监控板卡。

4. 经验教训

UPS 能在通信基站停电的情况下第一时间给通信基站设备提供电力输出，UPS 网络监控卡能集成 UPS 的蓄电池的状态，能查看通信基站设备的功率及蓄电池的后备时间。在不能监控 UPS 状态时能第一时间对传输链路检查，在确保传输链路正常后及时更换网络监控卡，确保在停电时能第一时间确定蓄电池后备时长，从而确定发电时间。

五、通信基站广播发射机无法启动

1. 故障描述

某日，在对 F# 通信基站附近村组进行应急疏散广播测试时，村组应急疏散广播终端声音卡顿，无法收到附近通信基站的发射频率。

2. 原因分析

主要由以下原因造成：

（1）ping 通信基站激励器地址可以 ping 通，传输链路畅通。

（2）通过生产调度中心查看，F# 通信基站 UPS 功率一直在 10% 以下，通信基站紧急疏散广播发射机未启动。

（3）现场手动开启发射机，发射机启动后自动关闭，发射机风扇处于停止状态，发射机电源风扇处未出风。

3. 故障处理

发射机电源模块损坏，属于硬件故障，更换发射机电源模块。

4. 经验教训

元坝气田紧急疏散广播发射机长时间处于关闭状态，单独播放每个分区时都会使元坝气田通信基站紧急疏散系统发射机处于开机状态，长时间运行，发射机电源模块容易损坏，对紧急疏散广播发射机电源要储备备件。

第三节 信息化系统故障

一、服务器无法远程访问

1. 故障描述

某日，中心调度室在处理信息化掉线故障时，无法远程登录服务器，登录时弹出提示“要登录到这台远程计算机，您必须被授予允许通过终端服务登录的权限”。

2. 原因分析

这个故障产生是在安装了终端服务器和成功激活终端服务器授权后出现的症状，一般在服务器操作系统过期后重新激活后出现。

3. 故障处理

针对上述原因，采取了如下措施予以解决：

（1）确认需要使用远程桌面登录的域用户加入到了 Remote Desktop Users 组中。

（2）打开“Active Directory 用户和计算机”，右键单击希望使用远程桌面登录的域用户的属性，单击“终端服务配置文件”选项卡，然后单击选中“允许登录到终端服务器”复选框。

（3）在 Windows Server 2003 上，打开相应的安全策略，点击“Windows 设置→安全设置 2003 设置→本地策略→用户设置权力分配”，在“通过终端服务拒绝登录”项上双击，查看有无 Remote Desktop Users 和需要登录的域用户账号，如有则删除。

（4）在 Windows Server 2003 上，打开相应的安全策略，点击“Windows 设置→安全设置 2003 设置→本地策略→用户设置权力分配”，在“允许本地登录”项上双击，查看有无 Remote Desktop Users，如无则添加。

（5）在 Windows Server 2003 上，打开相应的安全策略，点击“Windows 设置→安全设置 2003 设置→本地策略→用户设置权力分配”，在“拒绝本地登录”项上双击，查看有无 Remote Desktop Users 和需要登录的域用户账号，如有则删除。

（6）在 Windows Server 2003 上，打开相应的安全策略，点击“Windows 设置→安全设置 2003 设置→本地策略→用户设置权力分配”，在“从网络访问此计算机”项上双击，查看有无 Remote Desktop Users 和需要登录的域用户账号，如无则添加。

（7）在 Windows Server 2003 上，打开相应的安全策略，点击“Windows 设置→安全设置 2003 设置→本地策略→用户设置权力分配”，在“拒绝从网络访问此计算机”项上双击，查看有无 Remote Desktop Users 和需要登录的域用户账号，如有请删除。

（8）在 Windows Server 2003 上，以及客户端上分别执行此操作，点击“开始→运行”并输入“CMD”→输入“GPUPDATE/FORCE”，强制刷新组策略并重启计算机，查看问题是否依然存在。如不存在则可以远程登录。

4. 经验教训

（1）对于 Windows 服务器默认情况下，“远程桌面用户”组的成员拥有该权限。

（2）Windows 终端服务有两种模式，一种是远程管理模式，另一种是应用程序模式。在远程管理模式下，没有使用期限限制，但最多只允许 5 个不同 IP 同时登录；应用程序模式则对同时登录的 IP 没有限制，但是有使用时间限制，在注册前，免费使用期是 90d，超过 90d 再想使用，需要提供相应的 LICENSE。

二、Windows 2003 终端服务器总提示激活码即将过期

1. 故障描述

某日，中心调度室在对处理信息化服务器巡检时，发现服务器提示错误对话框，对话框显示内容为“激活码即将过期”。

2. 原因分析

这个故障的产生是重新激活服务器后微软的系统提醒。

3. 故障处理

针对上述原因，采取了如下措施予以解决：

（1）点击“开始”→“程序”→“管理工具”→“终端服务器授权”，选择未激活的服务器名称，选择“属性”，请记下对话框中出现的产品 ID, 我们要用这 20 位的 ID 号到网上注册。

（2）打开 Internet Explorer 浏览器 , 在地址栏中输入“https://activate.microsoft.com”这个地址，此时是英文界面，在左上角的下拉框中选中“Chinese（Simplified）”（简体中文）项，再按“GO”图标。

（3）确保已选中“启用许可证服务器”项，再单击“下一步”按钮。

（4）在随后要求提供的信息界面中，“产品 ID”处输入刚才抄下的那个 20 位数字，再填入自己的其他基本资料，然后再选“下一步”继续。

（5）此系统会显示你输入的个人信息，确信无误之后再选“下一步”。

（6）你便可以得到“已成功处理您的许可证服务器启动申请”。您的许可证 ID 是 ......，记录 7 段的 35 位数，里面包含数字和大写的英文字母，并且还会问你“需要此时获取客户机许可证吗？”，你当然应该回答“是”。

（7）如果没有许可证，那么许可证程序选择“Enterprise Agreement”，确定您的信息后，便可继续“下一步”。

（8）在接下来的界面中（在此是以选择“Enterprise Agreement”为例，如果选择其他的许可证程序，可能略有不同），“产品类型”一项应为“Windows 2003 终端服务客户端访问许可证”；“数量”为你欲连接的最大用户数（比如为“50”），在“注册号码”中输入你从微软获得的那个 7 位数点击“下一步”；确认你的配置。

（9）“开始”→“程序”→“管理工具”→“终端服务器授权”中完成最后的激活，选择服务器名称后点击右键，将“属性”中的“安装方法”设为“Web 浏览器”。

（10）再选择服务器，点击右键，选择“安装许可证”。

（11）将在 Web 上得到的许可证密钥 ID 输入到以下的输入框中。

（12）解除服务器 120d 的限制。

4. 经验教训

服务器维护是长期的事情，每日必须登录服务器进行状态或者日志的查看，如有异常及时修复。

三、元坝气田信息化场站系统掉线

1. 故障描述

某日，中心调度室在处理信息化掉线时，导致信息化场站 SCADA 数据不准确，场站数据处于静止状态，数据显示为“0”。

2. 原因分析

这个故障产生是信息化系统与 SCADA 服务器之间由于系统原因导致采集进程死机，后台服务器无法采集 SCADA 数据。

3. 故障处理

针对上述原因，采取了如下措施予以解决：

（1）通过值班笔记本电脑远程登录信息化应用服务器。

（2）远程连接登录方法：“笔记本电脑”→“开始（鼠标右键点击桌面左下角开始图标）”→“运行”→“输入 mstsc”→“确定”→“远程桌面连接”。

（3）在任务管理器中选择“DANSrvAE.exe*32”，重启该服务。操作方法：在任务管理器“Processes”进程中找到“DANSrvAE.exe*32”进程，点击该进程，该进程被选择后背景则变成深蓝色，然后点击“End Process”结束进程，等待一会儿，该进程会自动重启。该进程重启后，关闭“一期场站服务器”远程连接。

（4）在信息化应用服务器上查看“IO Monitor”中 Channel 0 显示正常。

（5）通道显示正常后，等待 5min 再查看信息化系统数据是否正常，如果正常，则不进行第（6）步操作。

（6）在服务管理器中右键重新启动“I Watch Runner”（该服务重启后数据需要重新采集，采集时间较长），重启后数据采集正常。

（7）若进行上述所有操作后，元坝信息化数据系统还是不能正常采集数据，则将信息化服务器上的守护服务结束，然后重启该服务。

4. 经验教训

信息化服务器与SCADA服务器由于操作系统之间的服务采集进程出现吊死的情况，导致在场站调试中出现数据同步失败。因此，在场站调试期间要加强对信息化服务器的巡检力度。

四、信息化巡线系统无法使用

1. 故障描述

某日，在线路巡检时手持GPS无法使用，信息化系统无法定位巡线人员行走路线，数据无法采集。

2. 原因分析

主要由以下原因造成：

（1）服务器网络故障，外网端口映射失败。

（2）服务器GPS采集进程卡死。

3. 故障处理

针对上述原因，可以采取如下措施予以解决：

（1）生产调度中心外网中断，网管IP端口映射此业务，如果外网中断，GPS将无法定位服务器，信息化系统其他外网业务如腐蚀监测也就中断，信息采集及数据回传，生产调度中心网络正常，因此要排查外网出口中断的可能性。

（2）远程登录信息化业务服务器“10.18.175.199”，若能登录则证明局域网通信正常，排除服务器局域网通信故障。

（3）输入巡检网络地址，显示网页无法访问，证明信息化采集服务器死机。

（4）进入服务器服务进程列表，选择“Apache Tomcat”服务进程，右键选择重启网址，弹出元坝巡检网页界面则证明GPS服务启动，元坝气田巡线系统可以正常使用。

4. 经验教训

信息化GPS巡检包含酸气管道巡检和废弃井巡检，是元坝气田定制开发的专业巡检软件，在安卓4.0版本以上手机均可以安装使用，软件使用简单、便捷，个别手机提示连不上GPS服务器或软件不能操作时，应该先手机自查，检查手机GPS开关和数据网络开关是否打开。

第四节　数字集群系统故障

一、800M 数字集群单站集群无法与外界通话

1. 故障描述

某日，B# 通信基站覆盖下的区域 800M 手台无法与其他通信基站覆盖范围内的终端通话，只能在 B# 通信基站覆盖范围内通话，对讲机显示单站集群。

2. 原因分析

（1）单站集群内对讲机之间能通信说明通信基站控制板及载频板工作数据正常。

（2）通信基站正常工作但无法与净化厂中控之间建立数据交换，该通信基站下的用户只能单站通话，不能通过净化厂核心服务器进行数据中转。

3. 故障处理

更换 B# 通信基站 2M 业务转换器。

4. 经验教训

该通信基站通过基站的协议切换器进行链路切换，当光传输链路中断时，会自动切换到备用 5.8G 备用链路，而主用为光传输链路。在业务不能使用的情况下，如果排除设备问题，则可以判定为 2M 业务转换器故障。

二、800M 数字集群通话延时

1. 故障描述

某日，B# 通信基站 800M 传输链路为 5.8G 链路，延时为 50ms。

2. 原因分析

主用链路光传输业务中断。

3. 故障处理

（1）其他视频业务通过光传输显示正常，但是 B# 通信基站 800M 数字集群系统传输链路显示不正常，说明 B# 通信基站至 YB×× 场站光传输业务中断。

（2）检查通信基站光缆及线缆均正常，排除 B# 通信基站设备故障，确定 YB×× 场站业务传输存在断点。

（3）YB×× 场站光传输光配架 BNC 头存在脱焊的情况，导致光信号在转为 2M 时业务不能传输，800M 数字集群业务通信失败。

（4）重新制作 2M 线，连接设备后光传输链路正常。

4. 经验教训

光配架 2M 线缆头在日常巡检清洁卫生时要小心谨慎，馈线头焊接处容易被拉断，导

致焊接处存在脱焊的情况。

三、800M 数字集群中心控制室无信号

1. 故障描述

某日，中心控制室对讲机无法使用，搜不到 C# 通信基站 800M 微波信号。

2. 原因分析

C# 通信基站下挂净化厂直放站通信失败。

3. 故障处理

（1）测试 C# 通信基站至中心控制室直放站光缆不存在断点，测试光功率正常。

（2）查询 C# 通信基站直放站状态发现有 LOS 报警，从而证明 C# 通信基站发射端耦合器未能将 C# 通信基站发射端信号分流给中心控制室，耦合器存在故障。

（3）更换 C# 通信基站耦合器，直放站 LOS 报警灯消失，中心控制室 800M 数字集群手台正常使用。

4. 经验教训

直放站用前向天线（施主天线）将通信基站的下行信号接收进直放机，通过低噪放大器将有用信号放大，抑制信号中的噪声信号，提高信噪比（S/N）。再经下变频至中频信号，经滤波器滤波，中频放大，再移频上变频至射频，经功率放大器放大后，由后向天线（重发天线）发射到移动台。同时，利用后向天线接收移动台上行信号，沿相反的路径由上行放大链路处理，但是过多的直放站或者直放站功率较高会影响通信基站 800M 通信基站自身信号，也会引起同频或邻频干扰。当直放站出现故障时，除了查询光缆信号外，还要查询耦合器的工作状态。

第五节 视频监控系统故障

一、场站视频监控数据掉线

1. 故障描述

某日，集中监控室无法通过监控客户端调取 YB××–2 场站实时监控画面。

2. 原因分析

YB××–2 场站监控数据通过 YB××–2 场站监控网络交换机汇聚至 YB××–1 场站监控网络交换机后，经 YB××–1 场站光传输设备通过光传输网络传输至视频监控综合管理平台，集中监控室监控工作站通过客户端访问视频监控综合管理平台并调取各场站实时监控画面。

结合故障现象，判断本次故障可能由以下原因导致：

（1）链路故障，导致设备间数据传输中断：①双绞线故障；②尾纤故障；③光缆故障。

（2）设备故障，导致设备无法正常处理、传输数据：①设备掉电；②设备数据丢失；③设备损坏、死机。

3. 故障处理

（1）集中监控室通过监控工作站并通过 ping 命令测试 YB××–1、YB××–2 场站监控设备网络状态。

测试结果：YB××–1 场站监控网络交换机连接正常，YB××–2 场站监控网络交换机连接失败，排除 YB××–1 场站监控网络交换机故障原因。

（2）检查 YB××–1、YB××–2 场站监控设备运行状态。

检查结果：YB××–2 场站监控网络交换机连接至 YB××–1 场站监控网络交换机，光口指示灯熄灭（YB××–1 场站监控网络交换机对应端口指示灯同样熄灭），其余指示灯显示正常，排除设备掉电、设备损坏故障原因，判断原因为 YB××–2 场站监控网络交换机至 YB××–1 场站监控网络交换机通信中断导致此故障。

（3）检查 YB××–2 场站监控网络交换机连接 YB××–1 场站监控网络交换机 YB××–1 场站的尾纤、光缆，测试光缆衰减值。

检查结果：尾纤、光缆无损坏，衰减值正常，排除链路故障原因。

（4）通过超级终端连接 YB××–1、YB××–2 场站监控网络交换机检查交换机配置数据。

检查结果：YB××–1 场站监控网络交换机至 YB××–2 场站监控网络交换机光口配置数据丢失，其余数据正常，判断故障原因为 YB××–1 场站监控网络交换机至 YB××–2 场站监控网络交换机光口配置数据丢失，导致 YB××–2 场站监控设备通信中断。

（5）按照备份文件对 YB××–1 场站监控网络交换机进行数据配置。

恢复 YB××–1 场站监控网络交换机至 YB××–2 场站监控网络交换机光口配置数据，并进行保存。

（6）对 YB××–2 场站监控系统进行测试。

测试结果：YB××–2 场站监控设备与综合管理平台通信正常，集中监控室通过监控工作站能正常进行 YB××–2 场站实时画面调取、录像回放、远程云台控制。

4. 经验教训

（1）YB××–1 场站监控网络交换机至 YB××–2 场站监控网络交换机为 YB××–2 场站调试期间新增光口配置，该交换机仅丢失该端口数据，判断为 YB××–2 场站调试期间 YB××–1 场站交换机数据更改后，未进行保存，导致交换机在重新加载数据后，该端口数据丢失。

（2）为防止此类故障的发生，在后续场站的调试过程中加强对交换机配置操作的监护，调试完成后及时备份数据。

（3）在日常维护过程中，严禁私自对交换机、服务器等设备配置数据进行变更，如果必须要更改，需要在更改前、更改后对数据进行备份，并妥善保存。

二、场站井口区摄像头黑屏

1. 故障描述

某日，集中监控室 YB×× 场站井口区监控画面黑屏，YB×× 场站站控室工作站显示井口区摄像头黑屏。

2. 原因分析

YB×× 场站采用模拟防爆一体化枪型摄像头，通过同轴电缆传输至 YB×× 场站机房硬盘录像机，然后通过光传输网络传输至中心控制室监控综合管理平台。

由于场站本地视频也存在黑屏现象，故判断故障点在井站前端，前端设备故障也可分为链路和设备两个方面进行排查：

（1）链路方面：①电源线故障；②视频线故障；③ BNC 头故障；④接线端子松动、脱落。

（2）设备方面：①设备掉电；②设备损坏；③设备运行状态异常。

3. 故障处理

（1）检查 YB×× 场站工作站、硬盘录像机等运行情况。

检查结果：工作站、硬盘录像机运行正常。

（2）利用视频测试仪从硬盘录像机输入端向外逐级测试视频信号。

测试结果：从硬盘录像机输入端向外逐级测试至室内浪涌输入端，视频测试仪均未检测到视频信号。

（3）利用万用表测试摄像头输入电源及电源浪涌保护器输入、输出端电压。

测试结果：电压值为 0V，确认摄像头无电源输入。

（4）检查摄像头供电线路。

检查结果：阴保间摄像头供电接线箱内空开跳闸，判断故障原因为摄像头电源跳闸导致摄像头掉电。

（5）检查电源线接头，并进行重新接线。

检查结果：未发现短路现象，并对存在隐患的接头进行重新接线。

（6）利用万用表测试空开输出端电源线绝缘情况。

测试结果：无短路，判断可以进行合闸操作。

（7）合上空气开关并进行观察。

观察结果：合上空气开关后 5min 左右空气开关再次跳闸，判断线路仍存在故障，需要进行进一步检查。

（8）将摄像头电源线两端从端子断开，利用摇表测试线缆绝缘情况。

测试结果：电源线火线对地电阻过小（万用表无法测试），判断电源线绝缘性能不达标导致空气开关跳闸。

（9）将火线跳接至备用线缆（绝缘性能测试合格），接线完成后利用万用表测试电源线是否短路。

测试结果：无短路，判断可以进行合闸操作。

（10）合上空气开关并进行观察。

观察结果：摄像头输出恢复正常，未发现跳闸现象。

4. 经验教训

线缆绝缘性能下降有两个方面原因：

（1）投用时间长导致线缆自然老化，由于线缆从电缆沟、通信井进行敷设，H_2S 等酸性气体、积水、温差等都会对线缆造成老化，降低线缆绝缘性能，但这是一个缓慢的过程。

（2）施工过程中由于拖拽、拉扯等暴力施工现象造成线缆在转角处、上引处表皮破损，存在绝缘的薄弱点，其绝缘性能在老化过程中就会快速下降，造成跳闸、信号传输中断等故障。

为了避免此类故障发生，需要加强对施工过程的监管，杜绝野蛮施工，延长线缆的使用寿命。

在处理此类故障时，在送电之前必须对设备进行检查，确保满足送电条件后才能进行送电，避免跳闸范围扩大。

三、场站 PSS 无法调取监控录像

1. 故障描述

某日，YB××-1 场站 PSS 客户端（本地客户端）无法调取监控录像。

2. 原因分析

元坝气田试采工程工业电视监控系统场站采用模拟防爆一体化枪型摄像机，监控数据由摄像机采集至场站机柜间硬盘录像机，并通过磁盘阵列存储本地录像，然后通过光传输系统传输至中心控制室机房视频监控综合管理平台，并再次储存录像。

PSS 客户端为场站本地监控客户端，直接调取场站硬盘录像机的监控画面，以及场站磁盘阵列的监控录像。

PSS 客户端无法调取监控录像，即可定位故障点在场站，可以按照链路、设备、配置三个方面进行排查：

（1）链路方面：双绞线故障造成磁盘阵列与硬盘录像机通信中断，导致录像无法进行存储、调取。

（2）设备方面：硬盘录像机、磁盘阵列掉电、损坏，导致无法进行录像存储、调取。

（3）配置方面：配置出错导致磁盘阵列无法和硬盘录像机建立通信，造成录像无法进行存储、调取。

3. 故障处理

（1）检查 YB××-1 场站 DSS、PSS 客户端运行情况。

检查结果：DSS 客户端操作正常，能够调取中心录像，PSS 客户端无法调取本地录像，其余操作正常。

（2）检查磁盘阵列连接情况。

检查结果：显示磁盘阵列不在线，判断故障原因为磁盘阵列通信中断，导致硬盘录像机无法进行录像存储、调取。

（3）检查磁盘阵列运行情况。

检查结果：磁盘阵列运行正常，指示灯显示正常。排除双绞线故障、设备掉电等原因。

（4）检查磁盘阵列连接配置。

检查结果：PSS 软件 iSCSI 发起程序连接错误。判断故障原因为：PSS 软件 iSCSI 发起程序连接错误，导致与磁盘阵列通信中断。

（5）重新设置 iSCSI 发起程序，并在配置 PC-NVR 以后，录像功能恢复正常。

4. 经验教训

（1）在处理故障之前，应充分了解故障现象，分析能造成故障的原因。

（2）根据故障现象和其他相关信息，初步判定故障原因，为排查故障找到方向。

（3）故障的排查坚持先易后难的原则。

（4）定期检查磁盘阵列连接情况，保证录像存储正常。

四、监控画面掉线

1. 故障描述

某日，调度中心、中心控制室监控画面掉线。

2. 原因分析

调度中心、中心控制室监控客户端均通过访问中心控制室机房的视频监控综合管理平台服务器进行实时监控画面调取、中心录像回放、远程云台控制等。

调度中心、中心控制室所有监控画面掉线原因可判断为客户端与中心控制室视频监控综合管理平台服务器通信中断，通信中断一般由链路故障、设备故障、软件故障引起。

（1）链路故障：视频监控综合管理平台服务器连接至视频监控核心网络交换机双绞线故障。

（2）设备故障：①工作站故障；②视频监控综合管理平台服务器故障。

（3）软件故障：①客户端故障；②视频监控综合管理平台服务器配置错误。

3. 故障处理

（1）检查管理中心客户端运行情况。

检查结果：重新登录客户端显示网络错误，表示无法与中心控制室视频监控综合管理服务器平台建立通信，登录备用管理平台服务器，登录成功，能正常调取实时监控画面，将管理中心客户端全部临时切换至备用视频监控综合管理平台，保证能对现场进行实时监控。

（2）利用 ping 命令测试与综合管理平台连接情况。

测试结果：无法与视频监控综合管理平台服务器建立通信，与备用服务器通信正常。排除服务器软件设置错误原因（软件设置错误，ping 命令可以建立通信）。

（3）检查视频监控综合管理平台运行情况。

检查结果：视频监控综合管理平台供电正常、指示灯显示正常，机身温度较高，初步判断故障原因为设备工作环境温度过高，导致服务器过热，运行异常。

（4）关闭服务器，打开机柜门、机柜间门进行散热。

（5）设备温度下降至室温后，打开服务器。

（6）服务器启动完成后，测试服务器通信。

测试结果：能够通过客户端正常调取实时监控画面、中心录像，进行远程云台控制等。

（7）为保证设备散热，将机柜门拆除（后期更换为镂空机柜门）。

（8）将客户端切换回主用视频监控综合管理平台服务器。

4. 经验教训

中心控制室温控采用中央空调、集中控制，机房温度不能自行调节，由于中心控制室机房为核心机房，设备多，产热量大，造成机柜间温度远高于空调设置温度，加之机柜门密封性好，只能通过顶部散热，造成设备运行温度高，极易造成设备死机。

为避免此类故障发生，对温度较高设备机柜门进行拆除（后期更换为镂空机柜门），加强设备散热，并将空调温度适量调低，保证设备工作环境。

五、摄像头无法进行云台控制

1. 故障描述

某日，集气总站视频监控无法进行云台控制（转向、变倍、变焦等）。

2. 原因分析

集气总站视频监控采集到集气总站机柜间后，通过四端口的视频光端机由光缆传输至中心控制室机房，进入中心控制室硬盘录像机。四个摄像头的控制线在机柜间内并接至一起，通过视频光端机的 485 控制信号传输端口传输至中心控制室硬盘录像机控制信号输出端口。

集气总站的摄像头无法进行云台控制，判断故障原因为控制信号传输中断，故障原因主要分为链路故障、设备故障、配置错误：

（1）控制线损坏。

（2）光端机 485 传输端口损坏。

（3）硬盘录像机控制协议设置错误。

（4）硬盘录像机控制地址码设置错误。

3. 故障处理

（1）中心控制室通过监控工作站检查集气总站监控运行情况。

检查情况：集气总站监控画面显示正常，无法进行云台控制，同一硬盘录像机接入的中心控制室机柜间摄像头、污水站摄像头等云台控制正常，排除硬盘录像机故障导致无控制信号输出。

（2）检查中心控制室机房硬盘录像机设置。

检查结果：控制协议设置正常，地址码设置正常、无冲突。

（3）检查中心控制室机房机器总站光端机运行情况。

检查结果：光端机指示灯显示正常，视频传输端口指示灯显示正常，控制信号端口在客户端有控制信号输出时，控制信号端口指示灯闪烁正常，说明控制信号输出正常。

（4）测试集气总站视频测试仪摄像头运行情况。

测试结果：摄像头显示正常，能通过视频测试仪云台对摄像头进行控制，地址码与硬盘录像机设置一致，排除硬盘录像机设置错误、控制线损坏导致控制信号传输中断原因。

（5）检查集气总站光端机运行情况。

检查结果：视频传输端口指示灯显示正常，控制信号端口在客户端有控制信号输出时，控制信号端口指示灯无闪烁，光端机不能接收到控制信号，由于视频信号与控制信号通过同一设备传输，视频信号传输正常，可以排除光缆故障导致控制信号传输中断，判断故障原因为光端机 485 控制信号传输端口损坏，导致控制信号无法传输。

（6）领取备件，对损坏的视频光端机进行更换。

（7）更换完成后，测试客户端能否对集气总站摄像头进行云台控制。

测试结果：集气总站摄像头实时画面显示正常，云台控制正常。

4. 经验教训

485 控制信号逻辑“1”以两线间的电压差为 2~6V 表示；逻辑“0”以两线间的电压差为 -2~6V 表示，属于低压信号，对于信号的精度要求比较高，设备的精密度也很高，设备比较脆弱。在日常维护过程中，要特别注意对此类设备的保护，操作时佩戴绝缘手套，避免对设备造成损伤。

六、场站火炬区摄像头无显示

1. 故障描述

某日，YB×× 场站火炬区摄像头无法显示，监控画面黑屏，显示网络连接失败。

2. 原因分析

YB×× 场站火炬区摄像头为网络防爆一体化枪型摄像机，输出为网络信号输出，通过光端机传输至 YB×× 场站机柜间 CCTV 机柜内视频网络交换机，然后通过光传输以太网业务将监控数据传输至视频监控综合管理平台。

YB×× 场站火炬区摄像头无显示可以分为网络原因、设备原因进行分析：

（1）网络原因：①双绞线、尾纤、光缆等损坏造成网络物理链路信号传输中断；②光端机故障、视频监控网络交换机故障、光传输以太网业务故障等造成数据无法处理、转发、传输，导致信号中断。

（2）设备原因：摄像头掉电、损坏，造成摄像头无信号输出。

3. 故障处理

（1）集中监控室检查 YB×× 场站监控系统运行情况。

检查结果：YB×× 场站监控系统除火炬区摄像头无画面显示外，其余摄像头工作正常，由于 YB×× 场站所有摄像头通过同一网络进行数据传输，可以排除视频监控网络交换机故障、光传输以太网业务故障造成 YB×× 场站井口区摄像头无显示。

（2）检查 YB×× 场站监控设备运行情况。

检查结果：室内光端机火炬区摄像头信号传输端口指示灯熄灭，判断无信号输入到光端机，判断故障点在室外监控杆或火炬区监控杆至机柜间光缆损坏。

（3）进入场站打开火炬区监控防爆接线箱，检查设备运行情况。

检查结果：光端机电源指示灯、信号指示灯全部熄灭，判断光端机掉线导致摄像头信号传输中断。

（4）检查光端机电源适配器。

检查结果：电源适配器电源板烧坏，更换备件后，光端机供电恢复。

（5）检查 YB×× 场站火炬区摄像头运行情况。

检查结果：YB×× 场站火炬区摄像头运行正常，可正常调取摄像头实时画面、进行录像回放、远程云台控制等。

4. 经验教训

经过检查，火炬区电源适配器为室内专用电源适配器，规定额定工作温度不能高于50℃，该电源适配器安装在室外监控杆防爆接线箱内，接线箱内部设备较多、空间小，在夏天烈日暴晒下，接线箱内部温度很容易超过 70℃。在这种环境下，电源适配器很容易损坏，为了保证设备的长期稳定运行，在设备选型时，应考虑到设备的安装环境以及工作环境，避免设备因为工作环境不合适而造成设备批量损坏。

七、通信基站网络摄像头图像不显示

1. 故障描述

某日，中心控制室值班人员发现 A# 通信基站室外摄像头无法查看图像，ping 通信基站室内摄像头正常，通信基站与场站之间的网络传输查询正常。

2. 原因分析

A# 通信基站室外摄像头三合一防雷模块损坏，导致通信基站室外摄像头供电中断。

3. 故障处理

针对上述原因，采取了如下措施予以解决：

（1）中断通信基站室外摄像头的供电。

（2）拆掉三合一防雷模块。

（3）用万用表测量电路是否存在短路及断路的情况。

（4）更换为新三合一避雷器。

（5）加电，查看网络摄像头是否自检，通过通信基站内网络交换机测试传输链路是否正常。

（6）对线缆及网线进行重新捆扎。

4. 经验教训

元坝气田通信基站处于山顶，室外设备极易遭受雷电的侵害，每月开展通信基站防雷接地测试，及时查处隐患，可减少设备的损害次数。

八、通信基站网络摄像头方向无法调节

1. 故障描述

某日，中心控制室值班人员发现 C# 通信基站室外摄像头画面无法转动，监控画面处于无法调节状态，球机摄像头向下。

2. 原因分析

C# 通信基站室外摄像头旋转齿轮损坏，通过程序下发旋转指令，电机无法对齿轮进行控制，导致机房监控软件无法对摄像头进行方向操作。

3. 故障处理

针对上述原因，采取了如下措施予以解决：

（1）摄像头齿轮卡住，齿轮需要润滑。

（2）摄像头齿轮损坏，属于硬件故障，无法修复，需及时更换。

4. 经验教训

元坝气田摄像头不建议开启自动布防与巡检模式，球机齿轮长时间旋转会磨损齿轮。

第六节　其他通信系统故障

一、场站 SCADA 数据掉线

1. 故障描述

某日，YB× ×–2 场站 SCADA 数据掉线，SIS 数据显示正常。

2. 原因分析

SCADA 数据从现场采集至 SCADA 系统控制器，通过双绞线汇聚至场站 SCADA 系统工作站，通过工业以太网网络传输至中心控制室核心服务器，SCADA 系统通过核心服务器调取各井站 SCADA 数据，因此 SCADA 系统数据掉线需要分为 SCADA 系统原因和工业以太网原因进行独立分析、排查。

（1）系统原因：①链路故障。双绞线故障，导致设备间数据传输中断。②设备故障。控制器、工作站等掉电、异常关机、服务未启用、设备损坏等导致设备无法正常处理、传输数据。

（2）网络原因：①链路故障导致交换机间数据传输中断，包括双绞线故障；尾纤故障和光缆故障。②设备故障，导致设备无法正常处理、传输数据，包括设备掉电；设备数据丢失和设备损坏、死机。

3. 故障处理

SCADA 系统故障发生原因由 SCADA 系统维护人员进行排查，以下仅为工业以太网排查、处理步骤。

（1）集中监控室对 YB× ×–2 场站工业以太网设备进行 ping 测试。

测试结果：**.**.**.19（YB× ×–2 场站 A 网 X416 交换机接口地址），**.**.**.19（移动 VPN 链路地址）均中断，**.**.**.214（YB× ×–2 场站 A 网环网地址），**.**.**.214（YB× ×–2 场站 B 网环网地址）畅通，**.**.**.19（YB× ×–2 场站 B 网 X416 交换机接口地址），**.**.**.254（B 网设备环网网关）畅通。

由于集中监控室到 YB× ×–2 场站 A 网、B 网环网通信正常，初步排除尾纤、光缆故障原因。

（2）远程登录到 YB× ×–2 场站 A 网、B 网环网交换机，检查交换机运行情况。

检查结果：B 网环网交换机运行正常，A 网环网交换机至 A 网三层交换机端口处于“down”状态，其余状态显示正常，结合 SCADA 数据掉线情况，排除 A 网环网交换机至 A 网三层交换机双绞线故障（该双绞线故障并不会引起数据掉线）及环网交换机故障原因，判断故障原因为 YB× ×–2 场站 A 网三层交换机故障。

（3）对 YB× ×–2 场站 A 网三层交换机进行检查。

检查结果：A 网三层交换机供电正常，指示灯显示正常，但无法远程连接到该交换机，通过工控机也无法连接到该交换机，判断该交换机运行状态异常，在取得许可后，对交换机进行重启，重启后交换机运行正常，通信恢复。

（4）远程登录到 YB× ×–2 场站 A 网三层交换机，检查设备运行情况、设备日志。

检查结果：交换机运行正常，日志显示当日上午 7 时 45 分 16 秒 ~7 时 46 分 49 秒交换机 L2 电源掉电，掉电出现 OSPF 协议报警，之后报警信息频率不断增加，直至交换机运行死机，由于交换机为双电源供电，交换机未掉电，但可能在电源切换过程中电压不稳，导致交换机运行异常。

（5）测试系统运行情况。

测试结果：工业以太网设备运行正常，各设备通信正常，SCADA 数据恢复，显示正常。

4. 经验教训

（1）对于 VPN 数据，B 网不带网关设备传输数据均需要通过 A 网 X416 交换机转发，当 A 网 X416 交换机出现故障时，系统带网关的数据传输发生中断，且不能切换至移动 VPN 网络，导致本次 SCADA 数据掉线故障发生，为减少此类故障发生，应加强对于交叉设备的运行状态监管，定期进行检查。

（2）此次故障从日志上看，由掉电引起，因此在场站的市电或者 UPS 断电后，应立即对设备的运行状态进行检查，发现问题及时处理，以避免通信中断的发生。

二、场站光传输报警

1. 故障描述

某日，YB× ×–1 场站光传输设备报警。

2. 原因分析

YB× ×–1 场站光传输设备报警一般包括链路报警、业务报警、设备报警。

（1）链路报警。主要包括：光链路故障报警、2M 链路故障报警、以太网链路故障报警。

（2）业务报警。主要包括：2M 业务（PA/GA 系统、程控调度电话系统、119 电话系统）报警、以太网业务（办公网络系统、语音软交换系统、工业电视监控系统）报警。

（3）设备报警。主要包括：设备供电、设备散热、风扇等运行状态报警。

3. 故障处理

（1）检查 YB× ×–1 场站光传输设备运行情况。

检查结果：YB× ×–1 场站光传输设备 SL16A 光板链路指示灯为红色，工业以太网 A、B 环网交换机至中心控制室链路光口指示灯熄灭。判断报警原因为 YB× ×–1 场站至中心控制室光缆存在故障。

（2）检查生产管理中心光传输网管系统运行情况。

检查结果：YB××-1 场站至中心控制室光传输链路故障报警。

（3）检查中心控制室工业以太网系统运行情况。

检查结果：YB××-1、YB××-2 场站至中心控制室工业以太网 A、B 链路故障报警。

由于 YB××-2 场站至中心控制室工业以太网链路经 YB××-1 场站至中心控制室地埋光缆，所以首先在 YB××-1 场站断开，又到 YB××-2 场站的跳纤，故障报警依然存在，可以判定故障点在 YB××-1 场站至中心控制室之间。

（4）测试中心控制室至 YB××-1 场站地埋光缆。

测试结果：中心控制室至 YB××-1 场站地埋光缆在距离中心控制室 0.158km 处有断点。

（5）顺着光缆走向对断点位置进行现场查找。

检查结果：中心控制室门口光缆在施工过程中被挖掘机挖断，断点共计 1 处。

（6）将损坏光缆承载业务调至 YB××-1 场站至中心控制室架空光缆上，确保业务运行稳定。

（7）用准备好的续接光缆对地理光缆进行续接，共计熔接点 2 处，熔接光缆 64 芯。

（8）测试熔接光缆衰耗值，对不达标的线芯进行重新熔接，直至达标。

（9）将原地埋光缆承载业务调回，并测试业务运行情况，检查确认报警信息，并检查报警信息是否仍然存在。

（10）在光缆接头处修建通信井并树立标石，对接头盒进行保护。

4. 经验教训

（1）光缆是气田通信系统的载体，气田的生产、语音、视频数据均通过光缆传输，因此光缆的保护尤为重要，为确保光缆稳定运行，避免此类故障的发生，要加强对施工的监管工作，在光缆敷设区域施工，要安排光缆维护人员进行现场监护，确认光缆走向，避免施工过程中对光缆造成损伤。

（2）定期对光缆衰减值进行测试，对存在的隐患及时进行整改，对于断点较多的光缆及时进行更换。

三、场站电话串号

1. 故障描述

某日，YB××-2 场站 IP 电话可以正常呼出，但其他号码拨打该号，接听的是化验站座机。

2. 原因分析

元坝气田所有外线电话均属于语音软交换系统，电话信号通过网络进行传输，有别于模拟电话，数字电话抗干扰更强，几乎不存在线路干扰的情况。数字电话串号，最大的可能就是系统划分 IP 地址、号码发生冲突，导致系统不能正确地识别。

（1）系统配置错误。

（2）话机终端配置错误。

3. 故障处理

（1）检查语音软交换系统的系统配置、日志。

检查结果：系统配置正常，日志无报警信息。

（2）检查 YB××–2 场站 IP 电话话机配置。

检查结果：话机配置正常，号码为 0817–××××090，IP 地址为：**.**.**.190。

（3）检查化验站话机配置。

检查结果：话机配置正常，号码为 0817–××××090，IP 地址为：**.**.**.190。

（4）比较话机配置。

检查结果：YB××–2 与化验室话机配置有冲突，判断故障原因为：话机 IP 地址、号码配置冲突，导致系统不能正确识别终端，因而导致串号。

（5）根据 IP 地址、电话号码规划表将化验站号码改为 0817–××××093，IP 地址改为 **.**.**.193，故障消失。

4. 经验教训

化验站的电话由于在规划外，有新增电话时，号码直接从规划表上进行顺延，在二期进行语音软交换系统规划时，厂家了解到，造成配置重复的情况。为了避免此情况发生，电话、工作站、交换机的网络数据必须按照统一的规划表进行配置，避免出现网络冲突。对于规划外新增的电话应及时进行记录、更新、上报，并加强对于调试期间 IP 地址等配置的监护，杜绝此类现象发生。

四、场站调度电话电流声过大

1. 故障描述

某日，YB××–1 场站调度电话通话杂音较大。

2. 原因分析

程控调度电话为传统模拟电话，通话杂音较大，一般可能有线缆接触不良、设备损坏等原因。

（1）线缆接触不良。

（2）水晶头松动。

（3）线缆破损。

（4）设备损坏。

（5）话机听筒进水。

（6）话机损坏。

3. 故障处理

（1）利用测试电话更换故障话机进行拨打、接听测试。

测试结果：电话仍然存在杂音，初步排除话机故障导致通话有杂音。

（2）检查话机接入端 RJ11 水晶头制作情况。

检查结果：水晶头制作良好，无松动、进水迹象。

（3）检查调度电话综合接入设备出 RJ45 水晶头制作情况。

检查结果：水晶头制作良好，无松动、进水迹象。

（4）检查调度电话综合接入设备 BNC 头制作情况。

检查结果：BNC 头制作良好，绝缘良好。

（5）检查 DDF 架调度电话业务 2M 头制作情况。

检查结果：2M 头松动，且屏蔽线有接触到芯线的迹象。

（6）对 DDF 架调度电话业务 2M 头重新进行制作。

（7）将制作好的 2M 头接入到 DDF。

（8）利用原调度电话进行拨打测试。

测试结果：电话拨打、接听正常，通信清晰无杂音。

4. 经验教训

（1）在处理故障之前，应充分了解故障现象，分析能造成故障的原因。

（2）根据系统组网方式，从终端设备到核心设备初步排查。

（3）故障的排查坚持先易后难的原则。

五、场站“119”报警电话无法使用

1. 故障描述

某日，在巡检过程中发现 YB××-1 场站“119”接警电话无法使用（电话无提示音）。

2. 原因分析

“119”接警电话主机安装在应急救援中心值班室机柜内，通过 2M 传输设备传输至管理中心机房，然后通过光传输 2M 业务传输至各场站。

“119”电话无法使用，根据故障现象（电话无提示音），判断故障原因可能是场站与主机通信中断，导致终端话机接收不到业务信号。

通信中断一般由链路故障、设备故障导致：

（1）链路故障：①双绞线故障；② 2M 线故障；③光传输链路故障；④线缆接头故障、端子松动等。

（2）设备故障：①话机故障；②场站综合接入设备故障；③光传输 2M 业务板卡故障；④应急救援中心 2M 传输设备故障；⑤设备主机故障。

3. 故障处理

（1）利用测试电话更换故障话机。

测试结果：故障现象仍然存在，排除话机故障原因。

（2）利用网线测试仪测试综合接入设备到话机双绞线。

测试结果：线缆正常，接头无松动，排除话机到综合接入设备段线缆故障原因。

（3）检查综合接入设备运行情况。

检查结果：综合接入设备运行正常，无报警。拔掉光传输设备后，综合接入设备正常报警，重新插上后报警消失，判断综合接入设备运行正常。

（4）通过光传输网管检查光传输运行情况。

检查结果：光传输 YB××-1 场站 2M 业务运行正常，无报警，排除光传输链路故障。

（5）检查管理中心“119” 2M 传输设备运行情况。

检查结果：2M 传输设备存在报警，但运行正常，由于管理中心传输设备仅仅用于信号中转作业，判断故障点在应急救援中心。

（6）检查应急救援中心值班室机房设备运行情况。

检查结果：YB××-1 场站传输板卡报警。

（7）利用测试电话测试 YB205-1 传输板卡输入端信号。

测试结果：YB××-1 场站传输板卡输入端无信号输入。

（8）沿输入端线缆走向进行检查。

检查结果：在“119”报警电话主机输出端语音配线架上，发现连接至 YB××-1 场站传输板卡跳线接头松脱。

（9）利用打线刀将跳线重新打至配线架上。

（10）测试 YB××-1 场站“119”报警电话功能。

测试结果：电话能够正常拨打接警中心电话，通话清晰、无杂音。

4. 经验教训

“119”电话、程控调度电话、语音软交换电话主机输出端，输出线缆较多，通过配线架进行整理。在对配线架的日常维护、保养过程中，要特别注意不能拉扯线缆。操作过程必须仔细，以免对配线架上的其他业务造成影响。

六、场站站场广播无法拨打中心控制室话站

1. 故障描述

某日，YB××-1 场站站场广播室内话站无法拨打中心控制室调度话站。

2. 原因分析

站场广播通过 2M 线连接至 DDF 架，通过 YB204-1 光传输 2M 业务至中心控制室，

中心控制室光传输设备通过 2M 线经 DDF 架连接至站场广播核心交换机对应业务板卡。

站场广播室内话站无法拨打中心控制室调度话站，可以判断故障原因为 YB× ×–1 场站与中心控制室核心交换机通信中断，通信中断可以分为物理链路中断、设备损坏、业务配置错误。

（1）物理链路故障：① 2M 线缆故障；② 2M 头损坏；③尾纤损坏。

（2）设备损坏：① YB× ×–1 场站站场广播主机损坏；② YB× ×–1 场站光传输 2M 业务板卡损坏；③中心控制室主机 YB× ×–1 场站业务板卡损坏。

（3）业务配置错误：① YB× ×–1 场站站场广播主机配置错误；② YB× ×–1 场站光传输系统 2M 业务配置错误；③中心控制室站场广播核心主机 YB× ×–1 场站业务板卡配置错误。

3. 故障处理

（1）对 YB× ×–1 场站站场广播电话进行测试。

测试结果：YB× ×–1 场站站场广播室内话站可以正常拨打室外话站，拨打中心控制室及其他站场话站为盲音，无法正常建立通话。

（2）检查 YB× ×–1 场站站场广播主机运行状态。

检查结果：YB× ×–1 场站站场广播业务主机 PRI 业务板卡指示灯显示异常，其余指示灯显示正常，判断故障原因为链路中断。

（3）检查 DDF 架处 2M 头制作情况。

检查结果：2M 头制作完好，无松动。

（4）对 DDF 处站场广播主机进行环回测试。

（5）再次检查 YB× ×–1 场站站场广播主机运行情况。

检查结果：YB× ×–1 场站站场广播业务主机 PRI 业务板卡指示灯显示仍然异常。判断故障点在 YB× ×–1 场站站场广播主机至 DDF 架段。

（6）检查 YB× ×–1 场站站场广播主机至 DDF 架段 2M 线。

检查结果：在机柜下距离 DDF 架约 1m 处 2M 线破损、芯线断裂，从断裂迹象上看，判断是被老鼠咬断。

（7）对 2M 线进行续接。

（8）续接完成后检查设备运行情况。

检测结果：YB× ×–1 场站站场广播业务主机 PRI 业务板卡报警消失。

（9）测试站场广播室内话站拨打情况。

测试结果：室内话站拨打中心控制室恢复正常，中心控制室拨打室内话站正常，中心控制室拨打室外话站正常。

（10）对机柜间进行清理，并增防老鼠板。

（11）对 2M 线，尾纤利用缠绕管进行保护。

4. 经验教训

灰尘、老鼠是通信机房平稳运行的“头号公敌”，要保证通信设备的平稳运行必须要给设备、线路一个良好的工作环境。定期给机柜间、设备进行除尘，并定期进行防鼠措施检查显得尤为重要。

对于 2M 线，尾纤等比较纤细的线缆必须利用保护管进行保护，避免在维护保养过程中损伤，造成通信中断。

七、场站风速风向无显示

1. 故障描述

某日，YB××–2 场站风速风向工作站显示风速为 0，风向正北，数据不更新（与实际风速风向不符）。

2. 原因分析

风速风向系统通过风速风向传感器采集风速风向数据，通过 485 信号进行传输，传输至工作站后通过 485 转 232 模块将 485 信号转化为工作站可以识别的串行信号。

本次故障工作站显示风速为 0，风向正北，这是风速风向客户端的默认状态，表示工作站没有接收到风速风向数据，故障原因主要有：

（1）风速风向传感器没有输出：①风速风向传感器掉电；②风速风向传感器损坏。

（2）线缆故障：①电源线损坏；② 485 信号传输线损坏；③线缆接头损坏；④ 485 转 232 模块损坏；⑤工作站故障；⑥风速风向客户端故障。

3. 故障处理

（1）检查风速风向客户端设置。

检查结果：客户端数据采集端口号与工作站接入串口号一致，客户端设置正常原因。

（2）重新启动客户端、工作站，检查数据是否能够采集。

检查结果：数据仍然无法采集，排除客户端设置异常及客户端运行异常原因。

（3）利用二极管测试 485 转 232 模块，输入端是否有 485 信号输入。

检查结果：二极管间断闪烁，表明 485 转 232 接入端有信号输入，判断故障点在 485 转 232 模块处。

（4）检查 485 转 232 转换模块，发现 485 转 232 转化模块部件连接处松动。

（5）对松动部件进行紧固。

（6）检查风速风向工作站数据采集情况。

检查结果：风速风向数据采集正常，更新正常。

4. 经验教训

在投运过程中模块连接处松动，一般是在巡检保养进行除尘、保养作业时，对线缆进行拉扯、设备移动时造成端子或者部件连接处松动。为避免此类故障发生，在巡检、保养、作业过程中，需要文明作业杜绝生拉硬拽，在除尘、保养等作业完成后，对设备端子、部件连接处进行检查、紧固。

八、场站周界防范系统误报警

1. 故障描述

某日，YB××-1场站周界防范系统3#防区误报警。

2. 原因分析

周界防范系统通过在围墙上安装激光对射器来建立一道不可见的电子围栏，激光对射器分为发射端和接收端，发射端发射固定频率、波长的不可见光束，接收端接收该光束，当有人翻越围墙时将光束遮挡，接收端接收不到该光束，则输出报警触发信号（继电器由常闭变为常开），触发报警主机产生报警信息。

周界防范系统产生误报的原因主要有：

（1）恶劣天气如大雨、大雾等使光速发生折射，光束偏移造成接收端不能接收到光束而触发报警。

（2）激光对射器安装位置由于围墙下陷、螺丝松脱等原因发生偏移，造成接收端不能接收到光束而触发报警。

（3）激光对射器发射端、接收端损坏，造成接收端不能接收到光束而触发报警。

（4）浪涌保护器、线缆接头松动、线缆损坏等，造成主机识别到常闭触点变为常开触点而触发报警。

（5）主机运行状态异常，导致触发报警。

3. 故障处理

（1）检查主机运行状态。

检查结果：主机运行正常，短接端口能够正常触发报警。

（2）利用万用表测试3#防区浪涌保护器。

检查结果：浪涌保护器完好，测试浪涌保护器输出端电压为11.8V（主机端口电压值为12V）、输入端电压为11.8V，排除主机故障、线缆故障、浪涌保护器故障原因。

（3）利用万用表测试激光对射器发射端供电电压值。

测试结果：电压值为23.8V，发射端供电正常。

（4）利用膜片测试发射端输出。

测试结果：通过膜片观察到发射端发光正常。

（5）检查接收端供电、运行情况。

检查结果：接收端供电正常，指示灯显示红色，判断接收端供电正常，接收端没有接收到发射端发射出来的光束，结合现场情况判断故障原因为对射器光速偏移造成激光对射器接收端不能接收到光束而触发报警。

（6）拆开发射端侧盖，利用位置微调旋钮对光束进行校准。

校准结果：激光对射器接收端红灯熄灭后，表示接收端接收到光束。

（7）测试激光对射器接收端输出。

测试结果：激光对射器接收端输出变为常闭，输出恢复正常。

（8）盖上发射端侧盖，测试 3# 防区功能。

测试结果：3# 防区报警消失，光束被遮挡时能够正常触发报警，触发源消失后，报警消失。

4. 经验教训

周界防范系统由于安装在室外，其设备特性受天气、环境等影响较大，处理此类故障需要从报警触发原理、报警信号触发流程进行排查。

在暴雨天气发生报警，属于正常现象，可以继续观察，如果天气好转之后仍存在误报警再进行处理。

九、场站无法访问 EPBP 系统

1. 故障描述

某日，YB× ×–1/2 场站办公计算机无法访问 EPBP 系统。

2. 原因分析

EPBP 系统为中国石化内网的办公系统，中国石化内网办公终端可以登录网址进行访问，终端不能访问该系统一般原因可以分为网络故障、设备故障、配置故障。

（1）网络故障：①终端网络连接失败；②生产管理区与阆中基地互联网络出现故障；③路由器、交换机等进行了域名限制。

（2）设备故障：生产管理区与阆中基地互联设备故障。

（3）配置故障：① YB× ×–1/2 场站办公计算机浏览器配置错误；② YB× ×–1/2 场站办公计算机 DNS 设置错误。

3. 故障处理

（1）测试生产管理中心办公网络终端 EPBP 访问情况。

测试结果：管理中心办公网络终端能够正常访问 EPBP 系统，表明生产管理区与阆中基地互联网络工作正常。

（2）检查 YB× ×–1/2 场站工作站运行情况。

检查结果：工作站互联网连接正常，能够正常访问互联网，但无法访问 EPBP 系统，排除网络连接故障原因。

（3）利用 ping 命令测试 EPBP 服务器地址。

测试结果：能正常与服务器建立连接，排除网络限制造成无法访问原因。

（4）将浏览器设置恢复默认，并测试 EPBP 访问情况。

测试结果：仍然无法访问 EPBP 系统，可以正常访问外网网站。

（5）检查办公计算机网络配置。

办公计算机通过路由器进行互联网访问，利用浏览器登录到路由器检查路由器网络接入设置。

检查结果：路由器通过静态 IP 地址接入网络，IP 地址、掩埋、网关均按照 IP 地址规划表进行设置，DNS 设置为 **.**.**.114，该 DNS 为公共服务地址，EPBP 为企业内部办公系统，该 DNS 无法对 EPBP 系统域名进行解析。判断故障原因为办公计算机接入端路由器 DNS 配置错误导致无法访问 EPBP 系统。

（6）在 DNS 中添加 **.**.**.41（中国石化内部服务器地址），**.**.**.114 作为备用服务器地址，加快域名解析速度。

（7）测试办公计算机网络访问情况。

测试结果：办公计算机能够正常访问 EPBP 系统等内部办公系统以及互联网常用网站。

4. 经验教训

在设备调试、测试完成后，一定要对系统的功能进行全面测试，本次故障发生原因就是在路由器设置完成后，仅仅进行了外网连接测试，导致内网办公系统访问存在故障，调试完成后，如果进行了全面的测试，这些故障是可以避免的。

参 考 文 献

[1] SY 6457—2000 含硫天然气管道安全规程 [S].

[2] SY 6456—2000 含硫天然气集气站安全生产规程 [S].

[3] SY/T 6779—2010 高含硫化氢集气站安全规程 [S].

[4] SY 6186—2007 石油天然气管道安全规程 [S].

[5] AQ 2012—2007 石油天然气安全规程 [S].

[6] SY/T 6137—2005 含硫天然气的油气生产和天然气处理装置作业的推荐作法 [S].

[7] SY/T 0402—2000 石油天然气集输站内工艺管道施工及验收规范 [S].

[8] GB 50093—2002 自动化仪表工程施工及验收规范 [S].

[9] SY/T 6125—2006 气井开采技术规程 [S].

[10] SY/T 6171—1995 气藏试采技术规范 [S].

[11] HG/T 20511—2000 信号报警、安全联锁系统设计规定 [S].

[12] SY 4118—2010 高含硫化氢气田集输场站工程施工技术方案 [S].

[13] Q/SH 1025 0745—2010 高酸性气田气井产出液取样技术规范 [S].

[14] Q/SH 1025 0746—2010 高酸性气田气井油层套管超压泄压技术规范 [S].

[15] Q/SH 1025 0747—2010 高酸性气田含硫化氢天然气取样技术规范 [S].

[16] Q/SH 1025 0748—2010 高酸性气田集输工程自动化系统单体调试规范 [S].

[17] Q/SH 1025 0749—2010 高酸性气田集输场站腐蚀挂片处理技术规范 [S].

[18] DL/J 58 电力建设施工及验收技术规范（火力发电厂化学篇）[S].

[19] DL/T 561 火力发电厂水汽化学监督导则 [S].

[20] DL/T 561 污水综合排放标准 [S].

[21] GB 50428—2007 油田采出水处理设计规范 [S].

[22] SY/T 5329—2012 碎屑岩油藏注水水质推荐指标及分析方法 [S].

[23] SY/T 6881—2012 高含硫气田水处理及回注工程设计规范 [S].

[24] GB 50350—2005 油气集输设计规范 [S].

[25] SY/T 6769.4—2012 连续增强塑料复合管施工规范 [S].

[26] SY/T 4103—2006 钢质管道焊接及验收 [S].

[27] SY 4109—2005 石油天然气钢制管道无损检测 [S].

[illegible]] GB 50183—2004 石油和天然气工程设计防火规范 [S].

[illegible]震泰 . 油气集输工艺技术 [M]. 北京：石油工业出版社，2007.

[illegible]昌，杜丽民，李光 . 天然气地面工程设计 [M]. 北京：中国石化出版社，2014.

[31] 车太杰 . 采油气生产常见故障诊断与处理 [M]. 北京：石油工业出版社，2010.

[32] 何波，于军琪，段中兴 . 电气控制及 PLC 应用 [M]. 北京：中国电力出版社，2008.

[33] 乐嘉谦 . 仪表工手册 [M]. 北京：化学工业出版社，2004.

[34] 李正吾 . 新电工手册 [M]. 合肥：安徽科学技术出版社，2009.

[35] 江晓林，杨明极 . 通信原理 [M]. 哈尔滨：哈尔滨工业大学出版社，2010.